积极心理的多维审视

◎ 隋华杰　著

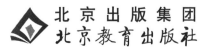

北京出版集团
北京教育出版社

图书在版编目（CIP）数据

积极心理的多维审视 / 隋华杰著 . -- 北京 : 北京
教育出版社 , 2024.1
ISBN 978-7-5704-5561-4

Ⅰ . ①积… Ⅱ . ①隋… Ⅲ . ①人格心理学—研究
Ⅳ . ① B848.9

中国国家版本馆 CIP 数据核字 (2023) 第 099407 号

积极心理的多维审视

隋华杰　著

*

北京出版集团
北京教育出版社　出版

（北京北三环中路 6 号）

邮政编码：100120

网址：www.bph.com.cn

京版北教文化传媒股份有限公司总发行

全国各地书店经销

河北宝昌佳彩印刷有限公司印刷

*

710 mm×1 000 mm　16 开本　12.5 印张　205 千字

2024 年 1 月第 1 版　2024 年 1 月第 1 次印刷

ISBN 978-7-5704-5561-4

定价：78.00 元

前　言

积极心理学的出现是心理学领域的一场革命，也是人类社会发展史上的一个里程碑，它是一门从积极角度研究传统心理学的新兴科学。研究心理学的目的并不仅仅在于解决人的心理或行为问题，更在于帮助人们形成良好的心理品质和行为模式。没有心理或行为问题的人，并不意味着其就能自然而然地形成一种良好的心理品质和行为模式。

积极心理学在研究视野上摆脱了过分偏重个体层面的不足，在关注个体心理研究的同时，强调对群体心理和社会心理的探讨。另外，在对心理现象和心理活动的认知及其理论假设的建构上，积极心理学强调人的内在积极力量与群体、社会文化等外部环境的共同影响与交互作用。积极心理学强调个体的心理、品质，也十分重视社会文化环境，如政治、经济、教育、家庭等因素对个体情绪、人格、心理健康、创造力以及心理治疗的影响。积极心理学主张个体的意识和经验既可以在环境中得到体现，在很大程度上也可以受到环境的影响。从广泛的角度来看，环境塑造着人类，因而，对群体心理与行为的研究在积极心理学中占有重要地位。

本书属于心理学方面的著作，由心理学与积极心理学、积极心理论述、心理管理学视角下的积极心理、社会生活视角下的积极心理、情感培养视角下的积极心理、创新型体验式心理实验室等部分构成。全书主要研究积极心理学对人们日常生活的影响，分析积极心理学包含的因素，阐述心理管理学、社会生活、情感培养三种视角下的积极心理应对方式，对心理学方面的研究人员有学习和参考的价值。

在撰写本书的过程中，笔者参考了大量文献，在此对原作者表达真挚的感谢以及敬意。由于笔者才疏学浅，本书难免存在不足之处，请广大读者不吝赐教。

目　录

第一章　心理学与积极心理学

第一节　形态：心理学的基本阐释

"魔术""意念控制"不过是人们对于心理学的误解，人们认为精通心理学的人，似乎总是在窥探别人的内心。但其实在生活中，每个人都懂心理学，心理现象是每个人每时每刻都在感受着的，是人类生活中复杂的心理活动，是人区别于动物的本质之一。因此，心理学不是少部分人窥探他人内心的方式。

一、对心理学的误解

（一）心理学家会"读心术"

当周围人知道某个人对心理学有所学习的时候，总会说一句"你是学心理学的，那你说说我在想什么"。人们以为心理学家能够透视眼前人的内心活动，知晓眼前人在想什么。这是人们对于心理学和心理学家的一种误解。

心理活动涵盖范围十分广泛，包括人的感觉、知觉、记忆、思维、情绪和意志等，并非只包括某个人在某种情境下的想法。心理学家所做的是探索这些心理活动的规律——它们是如何产生、发展的，受哪些因素影响，之间有何联系，等等。心理学家通常根据人的情绪表现和外在行为等研究人的心理，也许可以根据一个人的外在特征或检测结果推测其内部心理特征，但即使是经验丰富的心理学家也不可能会"读心术"——一眼就能看穿其他人的内心世界。

（二）心理学是"伪科学"

一些人认为心理学是"伪科学"，是不可信的。人们产生这种想法的原因可能有以下几点。

首先，一些人认为，所谓"科学"，就应该有严格的实验操作和严密的逻辑推理，如数学和物理学。而人的心理看不见、摸不着，心理学的研究似乎有点儿"玄学"的意味。另外，人的心理变化莫测，是难以控制的变量，故而心理学是不值得被信赖的。

其次，心理咨询往往价格昂贵、咨询周期长、咨询效果不显著。人们对心理咨询没有正确和充分的了解，产生了即刻治愈的希望。在这种心理下，人们很难不对心理咨询感到失望。正如感冒无法在感冒药喝完的当下被治愈，心理咨询也无法在咨询结束后立刻使患者痊愈。由于心理具有复杂性和不可控性，心理咨询比药物治疗需要更长的时间。

最后，心理咨询要想取得好的治疗效果，心理咨询者的积极配合很重要。然而，一些人认为对心理咨询师敞开心扉是泄露自己的隐私，无法做到对心理咨询师完全信任，始终有所保留，故而心理咨询始终不见成效。

（三）心理学家会催眠

1774 年，奥地利医生麦斯麦（Mesmer）以"动物磁气"的心理暗示技术开创了催眠术治疗法。1841 年，英国医生布雷德尔（Braid）在其出版的《神经催眠术》中正式将心理暗示技术定义为"催眠"。在这之后的 100 多年间，催眠被应用于心理治疗领域。在近几年，催眠开始进入更多领域，如医学麻醉、教育、警务、演艺等。

一些人对于催眠没有详细了解，可能会认为催眠是一种"魔术"，在布雷德尔医生以科学理论定义催眠后，催眠才逐渐科学化。

催眠状态是一种游走在睡眠与非睡眠之间的意识恍惚状态。催眠术就是运用心理暗示等手段让被催眠者进入睡眠状态的一种心理暗示技巧。这种心理暗示技巧包括放松、单调刺激、集中注意力、想象等，诱导人进入催眠状态。催眠状态也可由药物诱发。催眠分为自我催眠与他人催眠。自我催眠由自我暗示引起，他人催眠在催眠师的影响和暗示下进行，可以使被催眠者记起被压抑和遗忘的事情，说出病历、病情、内心冲突等。催眠还可以作为一种治疗方法（催眠疗法）减轻或消除被催眠者的焦虑、失眠以及其他身心疾病。催眠是用来治疗人们心灵创伤的一种方法。

催眠并不是所有心理学家都会的技能，是精神分析心理学家在心理治疗中使用的方法之一。事实上，大多数心理学家的研究方向与工作内容不涉及催眠技术，更倾向于运用实验和行为观察等更为严谨的科学研究方法。近几年，催眠在警务方面应用较广，这使警务人员能更好地审讯嫌疑人，得到事件真相。

（四）心理学＝心理咨询

作为一个新兴行业，心理咨询蓬勃发展，心理门诊、心理咨询中心、心理咨询热线等心理咨询渠道不断涌现，影响着人们。近几年，心理咨询师培训项目热度不减，使心理学的社会影响力得到了较大的提高。这些使人们一听到心理学就想到心理咨询，甚至觉得心理咨询就是心理学的全部。一些人认识一门新兴学科的方式是从其实际应用的角度入手的，但将心理咨询等同于心理学其实是一种误解。

心理咨询只是心理学的一个分支，心理咨询的目的是帮助人们认识和应对生活中遇到的各种困扰，更幸福、开心地生活。心理咨询的对象可能是一个人、多个人或一个群体。在通常情况下，心理咨询是面向正常人的，进行心理咨询的人虽然有或多或少的心理困扰，但不存在严重的心理障碍。如果要治疗严重的精神疾病，那就是临床心理学家或精神病学家的工作了。

（五）心理学家只研究心理有问题的人

有的人认为进行心理咨询的人都是心理有问题的人。这就导致人们在进行心理咨询时需要很大的勇气，进行激烈的思想斗争。

人们对心理学和心理学家产生偏见的原因主要有以下几个。

第一，由我国传统思想所致。中国人"爱面子"，认为有了心理问题是不光彩的事，有的人倾向于自己解决，抗拒心理咨询，怕被说成"精神病"。第二，与媒体舆论导向有关。为了谋求利益，一些媒体会利用人们的猎奇心理，在表现与心理学有关的题材时，喜欢选择和炒作心理变态。近几年，国内外一些心理题材影视剧偏向于表现嫌疑人有或多或少的心理问题，这使一些人认为，有心理问题的人会犯罪。

人们常常会把心理学家和精神病学家混淆。精神病学是医学的一个分支，精神病学家是医生，他们的工作对象是心理失常的人，他们主要从事精神疾病的治疗。心理学家研究的是人们普遍存在的心理问题，如儿童情绪的发展、性别差异、老年人心理等。

二、心理学效应在日常生活中的体现

心理学研究心理现象和行为，心理现象和行为来源于生活。心理学理论可以通过简单的日常生活中的事件来理解。

（一）超限效应

由于刺激过多、过强和作用时间过久而产生的极不耐烦或反抗的心理现象，在心理学上被称为"超限效应"。

马克·吐温（Mark Twain）是美国短篇小说家。有一次，他在教堂听牧师布道。一开始，他觉得牧师讲得很好，非常感动，准备捐些钱给教堂。过了十几分钟，牧师还没有讲完，他便有些不耐烦，于是决定少捐一些钱。又过了十几分钟，牧师仍然滔滔不绝，于是，他决定一分钱也不捐了。冗长的布道演讲终于结束了，募捐开始，马克·吐温却气愤难消，不仅没有捐钱，还从募捐箱里偷走了几元钱。

超限效应在家庭中多表现在父母与孩子之间，父母通常会在孩子考试成绩不佳时，对孩子进行重复性批评。孩子从开始的内疚和不安，逐渐变得不耐烦。孩子在开始被批评时是心有不安的，但反复的批评会使其产生逆反心理，从而站到父母的对立面，用各种方法进行反抗。

所以，父母对孩子的批评教育要在一定的限度内，注意对孩子"犯一次错，只批评一次"。即使需要再次批评，也要换种说法或角度，不应简单重复。只有这样，才能减轻或避免孩子产生逆反心理。

（二）3 对 1 规律

人们有这样的生活体验，就是当自己想说服别人或提出令人为难的要求时，别人可能会一口回绝；如果几个人同时向一个人施加压力，这个人可能就不会拒绝了。那么至少需要几个人才能有效呢？实验表明，能够引发对方同步行为的人数至少为 3 人。

当两个人统一口径诱使第三人采取趋同行为时，第三人一般会坚持己见。如果诱使人数增加到 3 人，趋同率就迅速上升。如果 5 个人中有 4 个人意见一致，此时趋同率最高。人数增至 8 人到 15 人时，趋同率则几乎保持不变。

这种劝说方法在一对一的谈判中或对方人多时就很难发挥作用了。如果对方是 1 个人，可以事先请两个支持者参加谈判，并在谈判桌上以分别交换意见的方式诱使对方做出趋同行为。以纸牌游戏为例，该游戏一般由 4 个人参加，在游戏过程中，如果时机成熟，有人会建议导入新规则，也会有人反对。这时如果能拉拢其他两人，3 个人合力对付 1 个人，那么这个人往往会因寡不敌众而改变自己的主张。

（三）皮格马利翁效应

在希腊传说中有这样一个故事，古希腊塞浦路斯有一位名叫皮格马利翁的年轻国王，他酷爱艺术。通过自己的艰苦努力，皮格马利翁雕刻了一尊女神像。他十分钟情于自己的得意之作，整天含情脉脉地注视着她。不知道过了多少天，女神奇迹般地复活了，并乐意成为他的妻子。

这虽然只是一个传说，却蕴含了一个非常深刻的哲理：期待是一种力量。这种期待的力量就被心理学家称为"皮格马利翁效应"。

一些人信奉的"许愿""愿望成真""还愿"过程和该效应相似。

（四）贝勃定律

人们在经历了强烈的刺激后，面对再施加的刺激，就会变得迟钝或麻木，这就是贝勃定律。

有人曾做过一个有趣的实验：如果将报纸的售价突然抬高到 50 元一份，或者把汽车票的售价从 200 元一下子涨到 250 元，人们对这些价格的上涨就会非常敏感。但是，如果房价上涨 100 元到 200 元，人们就没有什么感觉，或者感觉涨得不多。

企业经营中的人事变动或机构改组等活动经常用到贝勃定律。例如，企业想裁掉一些员工，但一些人逆反心理很强，首先裁掉这些人可能会引起不良后果。因此，应该先对与这些人无关的部门进行大规模人事调整或裁员，使员工习惯于这种冲击，然后在第三次或第四次的人事调整或裁员时再把矛头指向原定目标。受到多次冲击之后，这些人已经麻木了，逆反心理减弱。又如，在谈判中，企业一开始提出令人难以拒绝的优厚条件，等谈判基本结束时再提出一些不好接受的细节使对方接受，这也基本上是以贝勃定律为基础的。

（五）巴纳姆效应

人们常常认为一种笼统的、一般性的人格描述十分准确地揭示了自己的特点，心理学上将这种倾向称为巴纳姆效应。巴纳姆效应是用一位广受欢迎的美国马戏团艺人菲尼亚斯·泰勒·巴纳姆（Phineas Taylor Barnum）的名字命名的。著名杂技师肖曼·巴纳姆在评价自己的表演时说过，他能做到"每一分钟都有人上当受骗"，因为他的节目中包含了每个人都喜欢的成分。

有心理学家曾做过这样一个实验：他们给每位实验者两份检查结果，一份是大多数人的检查结果，另一份是实验者本人的检查结果，问他们哪一份更贴近自己的情况，大多数的实验者都认为前一份检查结果更能准确地表达自己的人格特征。

假设某位心理学家开展一项人格测验，其中包括一系列模糊而普遍适用的陈述：

（1）你经常担心别人对你的评价；

（2）有时你觉得自己很有冒险精神，但有时又觉得害怕尝试新事物；

（3）你喜欢独处，但也享受与他人的社交活动。

该心理学家将这些陈述发给了一组参与者，要求他们按照自己的认同程度来评分，分值通常为1到5或1到7。

心理学家公布测试结果，告诉每位参与者，这些陈述是根据他们的个人测试结果编写的，可以准确揭示他们的人格特征。实际上，这些陈述是通用的，适合大多数人。

参与者往往会相信这些陈述是专门针对他们编写的，而不是一般性的描述。他们会认为这些陈述非常准确地揭示了他们的个性特点，而忽略了这些陈述可能也适用于其他参与者。

这种现象印证了巴纳姆效应，即人们倾向于接受普遍适用的描述或陈述，认为这些描述或陈述适用于自己，尽管它们实际上对其他人也同样适用。

第二节　走向：心理学的发展与应用

一、心理学的发展

（一）心理学的产生

心理学是一门现代学科，但是心理学的起源可以追溯到两千多年前中国先秦时期和古希腊。人类很早就注意到了心理现象，许多闻名于世的古代学者在著述中都谈论到它。因此，心理学可以说是一门既古老又年轻的学科。说它古老，是因为中国的《论语》和古希腊亚里士多德（Aristotle）的《论灵魂》中，就有许多关于人的心理的论述。从孔子起，在长达二十多个世纪的时间里，心理现象由哲学家作为哲学问题加以研究，心理学一直处于哲学研究范围之内。1825 年，德国哲学家赫尔巴特（Herbart）的巨著《作为科学的心理学》问世，第一次庄严地宣布心理学是科学。1876 年，英国心理学家培因（Bain）创办了世界上第一份心理学杂志《心理》。1879 年，冯特（Wundt）在德国莱比锡大学创立了世界上第一个心理学实验室，这标志着科学心理学的诞生。自此以后，心理学脱离哲学成为一门独立的学科，冯特因此被称为"实验心理学之父"。

十九世纪下半叶，心理学成为一门独立的学科，发展至今只有一百多年的时间，与其他学科相比，它是一门很年轻的、正在发展的学科。

（二）新学派、新思想涌现

在心理学的发展过程中，各种派别纷争对峙，新的派别不断兴起，可以说心理学每前进一步，都会有新兴学派出现。

1.发展之初，学派林立

从十九世纪末到二十世纪二三十年代，这是心理学发展过程中派别林立的时期。在心理学独立之初，心理学家在建构理论体系时存在着尖锐的分歧。

（1）构造主义学派。冯特建立心理学实验室既标志着心理学作为一门独立的学科从哲学中分离出来，也标志着心理学史上第一个思想学派——构造主义学派的诞生。

构造主义学派的创始人冯特是德国哲学家、生理学家。他先对神经组织学进行研究，然后研究生理学、实验心理学，后来研究社会心理学和哲学。1879 年，他创建心理学实验室，从世界各地招收学生，对人的感觉、知觉、注意力、反应时间、联想能力等进行研究。后来这些学生分散在西方各国，从事实验心理学研究工作。冯特的心理学体系可见于他的主要心理学著作《生理心理学原理》中。他认为，心理学是研究直接经验——意识的科学。心理学的研究方法是实验内省法。所谓实验内省法就是让被试报告自己在变化的实验条件下的心理活动，然后由心理学家考察被试在实验中所发生的变化。冯特认为，心理学研究的任务是用实验内省法分析出意识过程的基本元素，以发现这些元素是如何合成复杂心理过程的。他认为最简单的心理元素只有两类：一类是感觉和意向（意向是在感觉之后由大脑内相应的局部兴奋引起的），另一类是感情。所有复杂的心理都是由这两类心理元素综合而成的（像化学元素的化合那样）。因此，他的理论体系也被称为心理化学。冯特的理论体系被他的学生铁钦纳（Titchener）继承和发展，铁钦纳把这种心理学理论体系命名为构造心理学。铁钦纳提倡用实验内省法研究意识，强调什么是心理的内容，而非"为什么"和"怎么样"。

构造心理学在心理学史上的积极意义是使心理学摆脱了思辨的羁绊而走上了实验研究的道路，从而使心理学成为一门独立的学科。但是，这个学派所从事的"纯内省"的"纯科学"分析脱离实际，因而其存在时间并不长。

（2）机能主义学派。机能主义者通过研究要回答的关键问题是"行为的机能或目的是什么"。机能主义学派的代表人物之一是美国哲学家约翰·杜威（John Dewey），他对心理过程实际用途的关心促进了教育的重要改革，他的理论为他自己的实验学校以及美国教育的改革提供了推动力。美国哲学家威廉·詹姆斯（William James）也是机能主义的代表人物，他同意铁钦纳关于意识是心理学的研究中心的观点。但是对詹姆斯而言，意识的研究没有被简化为元素、内容和结构，个体的独特性不能被简化为测验结果的公式或数字。相反，意识是流动的，是与环境持续相互作用的心理活动的内容，人类的意识使人适应环境，因此重要的是心理过程的行为和机能，而不是心理的内容。对于詹姆斯来说，解释才是心理学研究的目标，而不是控制。在他的心理学研究中，有情感、自我、愿望、价值的位置。

（3）行为主义学派。1913年，美国心理学家华生（Watson）在《心理学评论》上发表了一篇题为《一个行为主义者所认为的心理学》的论文，正式提出了行为主义的概念。在这篇宣言性的论文中，他提出，心理学是行为的科学，而不是意识的科学。他坚决反对冯特心理学中的"意识"和"内省"这两个基本概念，认为只有直接观察到的才能成为科学研究的对象，只有客观的方法才是科学的方法。行为主义体系的基本特点可归结为三点：第一，该体系强调客观观察和测量记录的行为，认为意识是不能被客观观察和测量记录的，所以意识不应该被包括在心理学研究的范围内；第二，该体系认为构成行为的基础是个体的反应，而某种反应的形成是经历学习过程的；第三，该体系认为个体的行为不是与生俱来的，不是遗传而来的，而是在生活环境中学习获得的。行为主义强调研究行为，强调从刺激与反应的关系方面客观地研究行为，而不是从主观上加以描述。这种研究方法上的客观原则，对当代心理学的发展产生了重大、积极和深远的影响。此学派目前已成为心理学的四大理论学派之一。

（4）格式塔学派。在美国出现行为主义学派的同时，德国也出现了一个心理学派别——格式塔学派。格式塔学派的创始人有韦特海默（Wertheimer）、柯勒（Kohler）和考夫卡（Koffka）。格式塔心理学和行为主义心理学都靠批判传统心理学（构造主义学派）兴起，但在一系列基本问题上，两派又有截然不同之处。

格式塔从德文"Gestalt"音译而来，意思是形状、完形、整体，它代表了这个学派的基本主张和宗旨。格式塔学派反对把意识分析为元素，而是强调心理作为一个整体、一种组织的意义。这和构造主义及行为主义大相径庭。格式塔学派的观点：整体不能还原为各个部分、各种元素的总和；部分简单相加不等于整体；整体先于部分存在，并且制约着部分的性质和意义。例如，一首乐曲包含许多音符，但乐曲不是各个音符的简单结合，因为一些相同的音符可能组成不同的乐曲，也可能成为噪声。因此，分析个别音符的性质，并不能了解整首乐曲的特点。格式塔学派认为，个体的经验和行为本身是不可分解的，每一种经验或活动都有其整体的形态。格式塔学派用同型论解释心理与脑的关系，认为脑内预先存在一个与感知到的对象同型的格式塔，这个格式塔不受过去经验的影响①。

格式塔学派重视整体的观点，重视部分之间的联系，有辩证法的因素。这对克服心理学研究中机械主义的观点（如构造主义、行为主义）是有贡献的，它的整体性思想赢得了部分心理学家的赞同。格式塔学派对知觉和学习进行了富有启发性的探索，并取得了大量研究成果，为以后知觉心理学和学习心理学的发展提供了重要的理论基础。

（5）精神分析学派。精神分析学派是由奥地利精神病医生弗洛伊德（Freud）创立的。他的理论主要来源于治疗精神病的临床经验。如果说构造主义和格式塔学派重视对意识经验的研究，行为主义学派重视对正常行为的分析，那么精神分析学派则重视对异常行为的分析，并且强调心理学应该研究无意识现象。

精神分析学派认为，人类的一切个体和社会的行为，都根源于心灵深处的某种欲望或动机，特别是性欲的冲动②。欲望以无意识的形式支配人，并且表现在人的正常或异常行为中。这个学派有以下几个特征：第一，其理论根据并不是来自对一般人行为的观察或实验，而是来自对患者诊断治疗的临床经验；第二，它不但研究个人的意识活动，而且进一步研究个人的潜意识活动；第三，它不但研究个人当时的行为，而且追溯其历史，以探明其目前行为产生的原因；第四，它特别强调人类本能对行为发展的重要作用，而且把性冲动看作人类主要的本能。精神分析学派在发展过程中也受到众多的批评，主要是它的泛性论。一些心理学家认为弗洛伊德过于强调性的作用，把性的意义泛化，因而对弗洛伊德的观点表示反对。但随着学科流派的发展，原来追随弗洛伊德的心理学家已不再单纯强调性本能，而是从社会学的观点出发，强调人与人之间的文化关系。精神分析学派的理论在西方心理学（如变态心理学、人格心理学、发展心理学）、精神医学和文艺创作中相当流行。

弗洛伊德把心理区分为意识和无意识，关注心理动力，如需要和动机等，

---

① 王鹏，潘光花，高峰强.经验的完形：格式塔心理学[M].济南：山东教育出版社，2009：15.
② 弗洛伊德.精神分析引论[M].史林，译.天津：百花文艺出版社，2019：46.

这是值得肯定的。在心理学与精神治疗方面，弗洛伊德的理论仍然有很大的影响。但是，他把人的一切活动都归于被压抑的性欲的表现，则过分强调了无意识的作用。

总之，十九世纪末二十世纪初，各心理学派在研究对象、研究领域、研究方法以及对心理现象的理解等方面都存在许多分歧。在心理学作为独立学科的早期发展过程中，某些新的事实被发现，而这些事实在旧的理论体系中不能得到有效的解释，因此新的理论便产生了，进而导致了新思潮和新学派的产生。历史事实告诉人们，每个新学派都从一个侧面丰富和发展了心理学的宝库。在这个意义上，二十世纪初期的学派纷争对心理学的发展起到了积极的作用。但由于这些学派的理论基础是形形色色的现代哲学，学派间的争论常常表现出各自在哲学思想上的不同角度。

2.新思想涌现，各分支形成

心理学学派纷争的局面到二十世纪三十年代基本结束。第二次世界大战之后新的心理学思想相继产生，新思想以新的思潮或发展方向影响着心理学的各个研究领域，引领心理学研究的整体趋势。

（1）人本主义心理学。以美国马斯洛（Maslow）和罗杰斯（Rogers）为代表的人本主义心理学，既反对把人的行为归结于本能和原始冲动的精神分析学派，也反对不管意识，只研究刺激与反应之间联系的行为主义学派，因此被称为心理学的第三势力。人本主义心理学以现象学为方法论基础，以存在主义哲学为基本观点的理论根源，关心个体的主观感受和体验，强调人类所独有的特征，推崇人的尊严和价值，坚持人的心理是经验的整体，具有不可分割的完整性。人本主义心理学家研究行为，并非通过把它简化为一些成分、元素以及实验室中的变量的方式。他们在人类的生命历程中寻找行为模式，提出了需要层次理论、高峰体验理论、自我实现理论等。人本主义心理学认为，人有自我的纯主观意识，有自我实现的需要，只要有适当的环境，人就会努力实现自我，完善自我，最终达到自我实现[①]。因此，人本主义心理学重视人自身的价值，提倡充分发挥人的潜能。人本主义心理学观点扩大了心理学的研究领域，把从

---

① 罗杰斯.论人的成长 [M].石孟磊，邹丹，张瑶瑶，译.北京：世界图书出版公司北京公司，2015：86.

文学、历史和艺术研究中得到的有价值的内容都包含进来，心理学因此成为一门更加全面的学科。

（2）认知心理学。二十世纪六十年代发展起来的认知心理学是当代心理学研究的新方向。它把人看作一个类似于计算机的信息加工系统，并以信息加工的观点，即从信息的输入、编码、转换、储存和提取等加工过程来研究人的认知活动。认知心理学家在多种水平上研究较高级的心理过程，如知觉、记忆、语言使用、问题解决和决策。认知心理学参照计算机的程序运行原理建立人的认知模型，并以此作为揭示人的心理活动规律的途径。同时，计算机科学也利用认知心理学的研究成果，用计算机模拟人的心理活动过程。认知心理学和计算机科学的结合开辟了人工智能的新领域。当前，认知心理学又与认知神经科学相结合，把对行为水平的研究与相应的对大脑神经系统活动过程的研究结合起来，对认知过程进行更深入的探讨。

（三）心理学的发展特点

心理学成为独立的学科以后，学派纷争的局面并没有持续很长时间，大约二十世纪三十年代，各派别之间就出现了互相吸收、互相融合的新局面。第二次世界大战后，心理学的发展极其迅速，在发展方向上，各心理学派别由对立趋于协调、互补，不再坚持用独家理论解释所有的事实，而是博采众长，放弃了追求普遍的大而全的理论，转向能解释某一方面心理活动的小型理论，从小型理论逐渐扩大到统一的普遍理论。在这种形势下，心理学中的学派之争不再明显，各种思潮作为一种发展方向影响心理学的各个领域。从总体上看，现代心理学有以下三个特点。

1. 派系融合，兼收并蓄

新行为主义修正了行为主义的观点，正视意识、内部加工过程，承认在刺激和反应之间存在"中间变量"，并将行为主义的公式 S—R 修正为 S—O—R；后来的格式塔学派也承认了后天经验的作用，修正了过分强调先天倾向的观点；新精神分析学派既不像原格式塔学派那样强调先天倾向，也不像弗洛伊德那样强调性欲望的动力作用，而是更重视社会文化因素的作用，强调环境与人的关系。各学派的棱角逐渐被新认识、新观点磨掉，派系之间的区别逐渐消除，学派的特色开始消失。现代心理学教科书总是把行为主义、格式塔、精神分析等各学派的观点逐一介绍或分散到各章中加以评价。新的观点、新的发展则建立在兼收并蓄各派精华的基础之上。二十世纪五十年代中期兴起的认知心理学，就是吸收了各家之长并融合为一体而蓬勃发展的。现代认知心理学既承认中间环节即经验的作用，也考虑认识的能动性，力图探明人类知识的获得、储存、转换直至使用的完整规律。

心理学发展历史短暂，基础薄弱，加之研究对象复杂，因此现代心理学发展需要各学派的共同努力，排斥哪一个学派或哪一种方法，都会使这门学科整体有所逊色。同时，心理学进一步发展需要摆脱历史争论，求同存异、互相补充、互相增益，只有这样，心理学才能迎来新的发展阶段。现代心理学正处在这个新的发展时期。

2.学科融合，促进发展

心理学吸收了其他学科，尤其是新兴学科的新成果、新技术，促进了自身的发展，拓宽了研究的范围并加深了研究深度。

计算机科学、信息论、控制论等新兴学科对现代心理学的发展产生了重大影响。计算机科学提供了机器模拟法，使探索内部心理过程和状态有了新的途径。现代认知心理学在观察基础上提出了针对认知的内部加工过程和结构的概念化模型，根据这种模型进行假设和预测，然后再按验证结果调整模型本身。一直困扰心理学家的"黑箱"因此有了探索的新途径。信息论提供了信息、信息量、信息编码等有用的概念和测量信息量的数学方法，使研究人的认知过程可采用信息和信息量的概念进行描述和说明。控制论的反馈概念对说明人类行为的自我调节过程具有根本性的影响，使传统的反射弧概念变为反射环概念。计算机、脑电图技术、脑功能成像、录音、录像等现代化手段和各种现代心理仪器，使心理学的研究有了以往所不可能有的先进手段。随着现代科学的发展，心理学日益渗透到各个研究领域，在心理学和其他学科的结合过程中，新兴的边缘学科陆续出现。例如，在认知心理学与计算机科学之间产生了人工智能，在语言学与认知心理学之间产生了心理语言学，在神经生理学与心理学之间产生了神经心理学等。

3.注重应用，日益广泛

随着社会生产和生活的发展，人们对心理学的需求日益迫切，这促使心理学从高校讲坛上和研究机构实验室里走出来，与实际生产、生活相结合。人们运用心理学为政府制定政策提供参考性意见，如欧洲将"消费者信心指数"作为预见商业周期转折的可靠指标，并用于制定经济规划；运用心理学进行市场预测和政府政策的态度测量，取得人、财、物等多方面的资料，从而更准确地把握社会发展动向。美国工业界对工业心理学十分重视，一些大公司设有工业心理学研究机构，拥有配备了现代化设备的心理学实验室。美国电话电报公司有心理学家几百人，他们的工作在改进产品、协调人际关系、提高效率、防止事故、做好人事管理、合理使用人力资源等方面起了很大作用。保障人的心理健康成为心理学实际应用的另一个重要方面，如运用心理治疗技术为精神病患者提供临床服务和为心理失调者提供咨询服务。在心理学比较发达的国家，心理学为劳动者提供职业选择和训练，提高劳动者对工作的适应能力，降低事故发生率和缓解劳动者在工作环境中的紧张感，还帮助人们正确评估和改善对工作的满意程度。心理学还为在校学生提供心理调节、心理健康服务，也为社会人士提供戒毒、戒烟、戒酒等服务。从事临床心理学研究的人数在英美心理学研究者中占的比例最高。心理学最早应用于教育教学中，在现代有了更迅速的发展，许多教学原则、教育方法都离不开心理学原理。在一些国家，心理学是教育工作者的必修课。

心理学的广泛应用促使心理学的新分支越来越多。工业管理和组织的需要催生了工业心理学，商业流通的需要催生了商业心理学，学校教育的需要催生了教育心理学，太空探索的需要催生了航天心理学等。各种应用型心理学的产生又进一步增强了心理学的实用性。现代心理学不再是少数哲人的思考和言论，它与人们的社会生活联系越来越密切。

现代心理学正在向广度和深度发展。全世界有数十万受过职业训练的心理学家，不过他们的分布很不均衡。经济发达国家的高校中心理学专业的人数越来越多，如英国大学生中，数学专业的人数排第一位，心理学专业的人数则排第二位。1980 年，中国心理学会正式加入国际心理科学联合会。近年来，心理学作为重要的基础学科之一，已被列为我国重点发展的学科。一大批年轻有为的心理学家已经成长起来，满怀信心地进入二十一世纪。现代心理学呈现出蓬勃兴旺的发展态势。

从客观上讲，心理学目前还不像数学、物理学等学科那样成熟，还需要进行不断探索。现代心理学的兴盛已成为趋势，随之产生的积极心理学等应用心理学虽还不够完善，但已被广泛应用在各个领域，更深入的心理学理论与实践还有待发掘。

二、心理学的应用

（一）心理学在日常生活中的应用

心理学和其他学科一样，不只是一种学术研究领域，其源于生活，在生活中具有很强的应用性。所以，不是只有学过心理学的人才懂得心理学，没有学过的人也应该懂得基本的心理学。例如，一个人遇到一位很久不见的同学，彼此又不是特别熟悉，可能都忘记同学叫什么名字了。这时不要问同学"你叫什么来着？"这样很伤别人的自尊心，言语也不要表现出很陌生。这不是欺骗，而是基本的尊重。如果特别想知道同学叫什么，可以通过各种可能的渠道自行获得，实在找不到时（要确保已经尽了最大的努力），才可以直接问同学，而且应该对这一行为表示歉意。其实在生活中有很多这种不起眼的心理学实例。能否在日常生活中很好地应用心理学，关系到人们处理日常生活问题的效率与质量。

每个人都生活在某一特定的社会环境中，社会环境和先天的遗传因素共同作用形成了这个人的心理的基本特征。把握和理解人的心理的基本特征对日常生活具有指导意义。概括起来，人的心理有以下基本特征。

（1）主观性。人的心理的主观性是指人对客观事物的反映是主观的。

（2）客观性。人的心理具有客观性，是因为客观现实是心理活动的源泉。

（3）自主性。"播种一种行为，收获一种习惯；播种一种习惯，收获一种性格；播种一种性格，收获一种命运。"人的心理活动由简单到复杂、由幼稚到成熟及其他种种变化，都有其内在的规律。掌握这种规律，不断进行反思，人们就可以调节自己的心态，掌握自己的情绪，完善自己的性格，进而决定自己的命运。人们还要懂得和尊重别人的自主性和独立性，不要强迫别人做违背其意愿的事情。

（4）实践性。实践活动是人的心理活动产生的必要条件之一，是人的心理活动产生、发展和完善的基础。

（5）整体性。人的心理现象由多个内容构成，但它首先是一个统一的整体。

（6）互相激励性。人讲究"将心比心"，坦诚地关心、理解别人，也会获得别人的关心、理解。

（7）双重制约性。人的心理的双重制约性是指人的心理现象受到人的生理因素和社会文化因素的双重影响和制约。

（8）可调控性。人的心理既然有双重制约性，那么通过改变制约条件，就可以对心理进行调控。

心理学在人们的日常生活中几乎无处不在。人的心理随日常生活的改变而发生相应的变化；反过来，日常生活也会随心理的发展变化而对人产生不同的影响。同样的日常生活情境对不同心理状态的个体所起的作用是不一样的。心理的上述八个基本特征在日常生活中不一定直接表现，而是隐含于人们日常生活中的各个方面。所以，在日常生活中解读心理特征就显得十分重要。

（二）心理学在健康领域中的应用

心理学在健康领域中应用十分广泛，应用前景十分广阔。心理学与健康之间似乎存在着天然的联系，心理学在健康领域的应用促使新的研究分支——健康心理学形成。

健康心理学是运用心理学知识和技术探讨有关保持或促进人类健康、预防和治疗躯体疾病问题的心理学分支。它主要研究心理学在矫正影响人类健康方面的某些不良行为中，尤其是心理学在预防某些不良行为中所应发挥的特殊功能，探求运用心理学知识改进医疗与护理制度，建立合理的保健措施，节省医疗保健费用的途径，以及对有关的卫生决策提出建议。从一定意义上说，它是心理学与预防医学相结合的产物。

健康心理学与临床心理学的一个主要区别在于，前者的中心任务是探讨有关躯体疾病的心理学问题，着力于对人类健康的维护，而不是对疾病的治疗。在这一点上，健康心理学同中国传统医学所强调的"不治已病，治未病"和"防病于未然"的主张有相通之处。

健康心理学作为一门学科形成于二十世纪七十年代后期，在预防医学界受到重视。它是在医学由生物—医学模式向生物—心理—社会—医学模式转变的形势下出现的。美国从节约医疗保健经费开支与降低发病率的目的出发，率先开始了对健康心理学的研究。

1976年，美国心理学会（American Psychological Association，APA）讨论了心理学在人类健康中的重要作用，除了强调心理学在心理卫生中的作用外，还指出心理学应当研究有损人类健康或导致疾病的心理与社会行为因素，探讨如何预防和矫正不良行为以及帮助人们学会应付心理与社会的变化。随后，其成立了一个由心理学家组成的健康研究小组，并在此基础上，于1978年8月正式成立了健康心理学分支，这是美国心理学会的第38分支。美国心理学会第38分支还创办了《健康心理学》和《行为医学杂志》。

健康心理学的研究及其工作实践与人类健康紧密相连，甚至直接关系到社会的进步与个人的幸福，因此健康心理学在短短几年间就获得了迅速的发展。如今欧洲已成立了欧洲健康心理学会，比利时、德国、英国、荷兰等许多国家也都建立了健康心理学机构。近年来，澳大利亚政府直接提供研究资金开展健康行为和健康教育的工作，南美和北美的一些国家已制定公众健康法规，一些发展中国家也已出台有关计划。

健康心理学是在行为医学的基础上发展起来的，其主要任务是使心理学在行为医学和预防医学中发挥作用。在理论研究和实际应用的过程中，它综合运用了行为理论、程序学习、行为健康和条件反射的原理。它在疾病的防治、不良行为的矫正、生理功能障碍的康复、精神紧张的缓解，以及运动锻炼与健康教育的普及等方面，都获得了较为显著的成效，对降低许多心身疾病发病率，如对降低心脑血管疾病发病率等发挥了重要作用。

在预防与心理行为因素关系密切的心脑血管疾病方面，健康心理学着重探讨行为模式引起冠心病的机制以及矫正的方法。它综合运用了心理学、医学、社会学、教育学以及其他相关学科的知识，提出了积极的预防心脏病的措施，如提供有关戒烟、戒酒、限制高盐与高脂饮食的咨询建议，提倡采用科学方法进行锻炼以增强体质，主张养成良好的生活习惯，并强调个人对自己健康的责任心，培养自我保健意识等。

　　健康心理学作为一门新兴学科正不断发展和逐步完善，且面临许多有待探讨和解决的问题。例如，如何在不同的学科中寻找有益于维护和促进人类健康的方法、手段，并与社会各界进行有成效的合作，以实现为社会培训"健康人"（没有身体疾病，有完整的生理心理状态与良好的社会适应能力）的目标；探寻和确定培养健康心理学家的正确途径与恰当标准；明确健康心理学家的工作内容、研究方向与职责权限，设置适当的工作机构并建立和健全相应的工作制度；等等。在中国，健康心理学日益受到医学界和心理学界的重视。

（三）心理学在管理领域中的应用

　　所谓心理管理是指人通过对自己心理的调节，力图保持某种乐观的情绪和积极向上的心态。自我的心理管理从始至终起着一种内部调控的作用。自我管理是人类对自身的管理，是一个人自我认识和自我完善的过程。管理者进行管理活动是其工作的重点，其中除了对员工的管理之外，还有很重要的一点，就是管理者进行自我的心理管理。也就是说，管理者应该从自己的心理上进行准备和提高，这样才能不断提高管理的水平，把管理工作做好。

　　管理的第一要素是管人，要根据人的心理和思想规律，通过尊重人、关心人、激励人，改善人际关系，充分发挥人的积极性和创造性，从而提高劳动和管理效率。

　　管理者在每天的工作中需要和形形色色的人进行"心理上的较量"。管理者怎样才能在和别人打交道的过程中充分调动周围一切人力资源，让员工尽最大的能力为企业服务呢？这时若管理者能将心理管理学知识利用起来，使其服务于自己的工作、生活，那管理者将在这个竞争激烈的社会中成为强者。可以列出这样一个递进等式：了解人的心理＝驾驭人的心理＝支配人＝支配世界。由此可见，任何一位渴望成功的人都应当了解并掌握一些心理管理学的知识和技巧。

　　企业的决策者掌握心理管理学，有助于其调动全体员工的积极性，改善组织结构，提高企业效益，以达到提高管理水平和发展生产的目的；企业的中层管理者借助心理管理学可准确找到自身的定位，了解与缓解自己与上下级的关系，矫正管理中的偏差，找到激励自我和下属的有效方法，从而发挥每一位员工的能动性，使自身逐步成长为真正意义上的管理高手；一位踌躇满志的热血青年通过学习心理管理学，可以更好地自我认识、自我完善、提高修养，纠正心理上、行为上的"错位"，在工作中充分实现自我价值。

企业的管理对象是人，即企业管理是一种人本管理。人本管理就是以人为中心的管理。从本质上说，人本管理就是要根据人的心理规律、思想规律，通过尊重人、关心人、激励人、改善人际关系等方法，充分发挥人的积极性和创造性，从而提高劳动效率和管理效率。心理学是研究人的心理活动规律的科学，为人本管理提供了科学依据。如果运用心理学的研究手段和成果，找到人类活动的客观规律，管理就会有好办法。如何使员工充分发挥自己的积极性和创造性，一直以来都是企业管理的难题和研究重点。

人的行动是由思想支配的，思想动机是由需要引起的。人的每个行为都是为了直接或间接、自觉或不自觉地满足某种需要。当需要得到满足，行为结束后，又会有新的需要产生新的动机，引起新的行为。因此，需要是人的积极性和主动性的根本动力。做好人本管理工作，先要研究和满足人的心理需要。

人的需要是多层次、多结构的。人的现实需要主要包括物质的需要、安全的需要、归属的需要、成就的需要、求知成才的需要、自我实现的需要等。其中，物质的需要是前提和基础。因此，人本管理工作要重视人的物质的需要，贯彻物质利益原则，这样才能从根本上调动人的积极性。贯彻物质利益原则主要是关心群众生活，从多方面满足人们对物质的需要。企业管理者要时刻关心员工的工作、学习、生活环境，关心员工的薪酬、住房、医疗等物质利益。管理工作一旦撇开了人们的物质需要，势必会软弱无力。

由于每个人所处的地位、职业、文化程度、社会关系等不同，各类人员的需要表现出较大的差异。因此，企业管理者要善于观察人，了解人的需要，这样才能针对不同对象的特点采取不同方法，在条件许可的情况下，尽量满足合理需要，以调动不同类型的人的工作积极性，真正做到人尽其才、才尽其力。同时，管理工作还应该通过分析具体人的具体需要来掌握人的行为规律，以提高对可能出现的行为的预见性和控制力。

不同的人由于先天素质、后天社会生活及所受教育的不同，心理发展也各有特点。人的心理既是复杂的，又是多变的，人往往不愿意把心灵深处的秘密轻易暴露给他人。因此，企业管理者只有了解和掌握人的个性心理特征，才能做到"一把钥匙开一把锁"。这样管理者不仅可以更好地了解自己、完善自己、加强自我修养，而且可以更好地了解工作对象的个性差异，能够审时度势，使工作更有针对性和预见性，从而不断提高管理工作的有效性。

第三节　源起：积极心理学的产生与发展

近年来，心理学界逐渐形成了一种共识，即心理学在研究人的各种问题的同时，也要把发展和培育人的积极力量作为一项核心任务，这就是当代的积极心理学。

一、积极心理学概述

积极心理学是指心理学不仅要致力于研究人类的各种心理问题，也要致力于研究人的各种发展潜力等。美国心理学会对积极心理学有明确的解释，即积极心理学是一门以积极品质和积极力量为研究核心，致力于使个体和社会走向繁荣的科学。心理学自从 1879 年取得独立地位以后就肩负着三项重要使命：治疗人的精神或心理疾病、帮助普通人生活得更充实幸福、发现并培养具有非凡才能的人。这三项使命在第二次世界大战以前均得到了心理学工作者的同等程度的关注。但在第二次世界大战以后，心理学把研究重心放在了对心理问题的研究上，如心理障碍、婚姻危机、毒品滥用和性犯罪等问题，心理学变成一门类似于病理学性质的学科。心理学研究重心的这种转移实际上背离了心理学存在的本意，因为这导致了部分心理学家几乎不知道正常人怎样在良好的条件下获得自己的幸福。积极心理学把研究重点放在人自身的积极因素方面，主张心理学在研究人的各种问题的同时，也要以人固有的、实际的、潜在的、具有建设性的力量、美德为出发点，提倡用一种积极的心态来对人的许多心理现象进行新的解读，并以此来激发人自身内在的积极力量和优秀品质，利用这些积极力量和优秀品质来帮助普通人或具有一定天赋的人最大限度地挖掘自己的潜力并获得良好的生活。

二、积极心理学的产生与发展

积极心理学的产生及发展与美国心理学家、宾夕法尼亚大学教授塞利格曼（Seligman）的大力倡导分不开。从一定程度上看，没有塞利格曼就没有积极心理学运动。特别是塞利格曼1998年当选美国心理学会主席后，更是利用其影响力四处倡导积极心理学运动，并把创建积极心理学看作自己作为主席的重要使命。在1998年美国心理学会的年度大会上，塞利格曼明确提出了二十世纪心理学的发展存在着两个方面的不足：一是在民族和宗教冲突上，心理学介入不够；二是对强调和理解人的积极品质与积极力量的积极心理学运动重视不够。因此，二十一世纪的心理学要把这两个方面作为工作重心。这是心理学历史上第一次在正式的公开场合使用"积极心理学"一词，不过当时塞利格曼在提到积极心理学时是加了引号的，就塞利格曼本人来说，也许他当时还并不十分清楚积极心理学今后到底会有什么命运。

提到积极心理学的具体产生时间，就不得不提到艾库玛尔会议。艾库玛尔会议虽是一次非正式的小型会议，但它在积极心理学的产生和发展过程中是一个里程碑。这次会议最终确定了积极心理学研究的三大研究支柱，也是积极心理学研究的三大主要内容，并分别指定了相应的负责人。

第一大研究支柱是积极情感体验，负责人是狄纳（Diener）。这一部分内容以主观幸福感为中心，着重研究人针对过去、现在和将来的积极情感体验的特征及产生机制。

第二大研究支柱是积极人格，负责人是西卡森特米哈伊（Csikszentmihalyi）。会议确定积极人格研究的关键是构建积极人格的分类系统，只有对积极人格进行了正确的分类和界定，才有可能为测量、编制量表等奠定基础。在这次会议上还提出了一个设想，那就是依照美国精神病学会制定的《心理障碍诊断与统计手册》对心理疾病的分类方式来对人的积极力量进行分类和界定。

第三大研究支柱是积极的社会组织系统，负责人是杰米森（Jamieson）。这一内容就是确定社会、家庭、学校等怎样才有利于一个人形成积极的人格，并产生积极的情感。这涉及国家的方针政策和具体单位的各种规章制度等的制定，其内容明显已超出了心理学的研究范围，单靠心理学研究本身已不能胜任。因此会议建议邀请社会学、人类学、政治学和经济学等领域的专家参与到研究中来。

另外，这次会议还邀请了心理学家诺扎克（Nozick）负责有关积极心理学的一些哲学问题的研究，对积极心理学所涉及的有关哲学问题进行澄清和厘定。在这次会议期间，塞利格曼等还决定建立一个积极心理学网站来宣传积极心理学的理论和思想。网站基地设在塞利格曼所在的宾夕法尼亚大学校内，由塞利格曼本人直接负责和领导，斯库尔曼（Schulman）等协助其做一些具体工作。

在研究方法上，这次会议明确强调积极心理学主要借助心理学已形成的一些研究方法和技术。至于积极心理学的基本结构，还应该在实践中进一步思考和研究，目前还不宜简单下定论。这次会议除了讨论有关积极心理学本身的理论问题之外，还讨论和提出了许多推动积极心理学发展的具体措施。如怎样吸引年轻的学者投入积极心理学的研究中来，怎样让积极心理学的研究和人们的日常生活更贴近，怎样在普通的民众中增强积极心理学的影响等。

1999年11月9日到12日，在美国盖洛普基金会的赞助下，在内布拉斯加州的首府林肯市召开了第一次积极心理学高峰会议，塞利格曼、克里弗顿（Clifton）、狄纳等人都参加了这次会议。这次会议重点讨论了积极心理学的几个重要问题和一些相关的概念，如"什么是人的积极力量""它是一种性格特点还是一种心理过程"。同时这次会议还进一步明确了积极心理学今后的发展方向——成为世界性的心理运动。

积极心理学正式为世人熟悉的标志是，2000年1月塞利格曼和西卡森特米哈伊在美国心理学会会刊、世界著名的心理学杂志《美国心理学家》上共同发表了《积极心理学导论》一文。该文具体介绍了积极心理学兴起的主要原因、主要研究内容以及未来的发展方向等。该期《美国心理学家》杂志还同时刊载了积极心理学研究专辑，这一研究专辑共有15篇文章，大多由当时著名的心理学家所写。这些文章主要从三个相互关联的方面详细论述了积极心理学的研究成果（也就是艾库玛尔会议上确定的积极心理学的三大研究支柱）：积极情感体验、积极人格和积极的社会组织系统。这三个方面自然也成为积极心理学的主要组成部分。

2001年3月，《美国心理学家》杂志又开设了一个积极心理学研究专栏，进一步介绍了积极心理学（特别是一些青年心理学家）的最新研究成果。2001年的冬天，美国《人本主义心理学杂志》也刊出了积极心理学研究专辑，这一专辑共有 7 篇文章，对积极心理学与人本主义心理学之间的关系进行了全方位的介绍和阐述。

以上积极心理学专辑使积极心理学运动逐渐由美国走向了世界。特别是美国心理学会的会刊——《美国心理学家》是一本世界知名的学术刊物，在心理学界有着举足轻重的影响，它连续两年发表有关积极心理学研究的专辑，这本身就说明了当代心理学界对积极心理学的认同。2002 年，斯奈德（Snyder）和洛佩兹（Lopez）主编的《积极心理学手册》由牛津大学出版社正式出版。《积极心理学手册》对积极心理学近几年所取得的各个方面的研究成果进行了系统性总结，全书共包括 55 篇有影响的文章。其内容主要分为以下几个部分：辨识积极力量、以情感体验为中心的研究取向、以认知为中心的研究取向、基于自我的研究取向、人际交往方面的研究取向、生物研究取向、特定应对方法的研究取向、特定人群和特定情景的研究、积极心理学的发展展望等。

在 2002 年《积极心理学手册》出版以后，积极心理学运动呈现出了一派欣欣向荣的景象，一些有影响的著作相继出版，如塞利格曼的《真实的幸福》、阿斯宾沃（Aspinwal）和斯道金格（Staudinger）的《人类积极力量的心理学》、阿伦·卡尔（Alan Carr）的《积极心理学——关于人类幸福和力量的科学》等。

同时邓普顿基金会设立的邓普顿积极心理学奖竞争空前激烈，现在已经成为心理学界重要的奖项，每年都吸引着很多有才华的年轻心理学家来申报。积极心理学也逐渐在一系列的社会事件中发挥作用。

积极心理学正以一种蓬勃的姿态影响着社会的众多领域，并在全社会掀起了一场积极运动。积极心理学的一些观点已经渗透进社会学、教育学、经济学、管理学等领域，并对其中的一些理论产生重大影响。在心理学领域，积极心理学在明确自己的理论建构之后，成功地吸引了一大批心理学工作者参与到研究中来，其中包括一些有名望的心理学专家，如卡尼曼（Kahneman）、加德纳（Gardner）。

2005 年，美国宾夕法尼亚大学开设了应用积极心理学硕士（MAPP）课程，专门培养积极心理学硕士，这是世界上第一个以积极心理学为专业方向的硕士点。

第二章　积极心理论述

第一节　积极的认知与情绪

一、积极的认知

（一）认知过程

人类的认知过程包括感觉、知觉、记忆、思维、决策等心理过程，这是人们获得感性认识和理性认识的过程，也是人们获得理论知识和应用知识的过程。认知过程是科学心理学中研究较多且研究成果较丰富的领域。早期的心理学家韦伯（Weber）、费希纳（Fechner）、冯特、艾宾浩斯（Ebbinghaus）等就对感觉、知觉和记忆等认知过程进行了卓有成效的实验研究。随着当代认知心理学的兴起，将人的认知过程看成信息加工的过程，运用信息的输入、编码、存储、检索等信息加工的观点来研究认知过程已经成为一种主要理论范式。

人们有积极心理的前提是自身有积极的认知，这样看待事情就会变得积极乐观。

1.感觉

感觉是指感觉器官接受刺激并将信息传输到中枢神经系统的过程。感觉器官中的感受器是一种生物换能装置，将接收到的某种特定刺激的能量转换成生物能，即神经冲动，通过神经纤维传导到中枢神经系统，经过大脑皮质的活动完成对信息属性的分辨而形成感觉。因此，感觉是感觉器官接受刺激并将信息传输到中枢神经系统完成信息属性分辨的过程。外界环境和机体内部的各种信息通过感觉器官和神经纤维传递到大脑，人们便产生了相应的感觉。人类的主要感觉包括视觉、听觉、嗅觉、味觉、肤觉、运动觉、平衡觉和内脏感觉。

2.知觉

感觉只提供了事物的属性特征，而要使这些属性特征变得有意义，实现人们对当前事物整体的认知，还需要知觉的作用。感觉和知觉共同组成了人们了解外部世界的通道。事实上，这是一个难以分开的连续过程，这一过程合称为感知觉。感觉为人们体验世界提供了线索，知觉才是人们体验世界的方式。

客体事物是由多种属性组成的有结构的整体，属性对事物的依附使其获得了意义。属性与客体事物的必然联系，使人们能够按照一定的方式选择和组织感觉信息，并根据已有的经验加以解释，获得关于事物整体意义的认知，这便是知觉。因此，知觉是大脑对感觉信息进行组织和解释并赋予整体意义的加工过程。

在日常生活中，人们总是自然地把感觉到的亮光、声音、气味等信息组织和解释成有意义的事物，一旦人们对刺激对象作出解释、进行归类、标定名称并赋予意义，感觉到的信息便被知觉进行了加工。知觉的加工过程是从感觉开始的，但比感觉复杂。广义的知觉加工过程可以分为知觉加工、知觉组织、辨认与识别三个阶段。

3. 记忆

记忆是非常重要的认知过程，学习要以记忆为基础。如果没有记忆的参与，人的知觉就不可能实现，人的思维活动就无法顺利进行。记忆把人的过去、现在和将来连接起来。

人们感知过的事物、思考过的问题、体验过的情感和情绪、做过的运动等，都可以成为记忆的内容。记忆是经验的保留过程。它包括识记、保持、回忆和再认三个基本环节。识记是识别和记住事物，保持是巩固已获得的知识经验的过程，回忆和再认就是在不同的情况下恢复过去经验的过程。经历过的事物不在面前，能把它重新回想起来称为回忆；当经历过的事物再度出现时，能把它认出来称为再认。

从信息加工观点来看，记忆就是对输入信息的编码、存储和检索的过程。编码是指将外界刺激的物理特征（如形、声、色等）转换成相应的心理形式，以便在头脑中存储和供今后取用。存储在人脑中的与外界刺激相对应的心理形式叫作心理表征，如视觉代码、听觉代码、语义代码等。存储是指经过编码的信息以一定的结构保存在头脑中，持续一定的时间。检索是指当需要的时候将存储在记忆中的信息提取出来加以应用。

4. 思维

思维是较高层次的认知活动，人的思维是运用表象、概念、语言等来处理抽象事物获得其意义的心理过程。思维这一概念涉及的范围较广，如语言的理解与表达、概念的获得与运用、推理与问题解决、艺术作品的制作与创造、科技发明与创造，无不经历了思维的过程。

5. 决策

决策是涉及评估多个选项及其潜在结果的综合思考过程。在做出决策时，个体首先会识别问题或决策的需求，收集相关信息并生成可能的解决方案或选项。其次，涉及评估这些选项的可能后果，通常会使用理性分析的方法，比如成本效益分析、概率评估或模拟预测等，此过程中，个体的经验、记忆、以往的成功或失败都会影响对选项的偏好。再次，除了逻辑分析，情感和直觉也常常在信息不足或情况紧急的决策中发挥作用。最后，决策者将选择他们认为最符合目标或最能满足需求的选项，并对选择承担责任，这个决策可能会被立即实施，也可能需要进一步的规划和资源配置。决策的有效性通常随着结果的显现而得以评估，且它是一个动态的反馈过程，可以根据结果的反馈调整后续的决策策略。

（二）乐观的认知风格

1. 小乐观与大乐观

小乐观是对积极结果的特定预期，如"我今天很幸运，路上没有堵车"。大乐观包含的是对显著的、更大的并不特定事件的预期，如"世界和平"。小乐观是由一种特殊的学习历史引发的，小乐观之所以能够达到预期的结果，是因为可能会提前设置特定的行为来适应既定的环境条件。大乐观具有天生的倾向，同时受到文化的影响，具有能够被社会所接受的内容。

2. 乐观的现实基础

伏尔泰（Voltaire）的乐观主义是一种"过分乐观"，他认为人们生存在一个一切都非常好的世界里[①]。波特（Porter）的乐观主义是"盲目乐观"，他

---

① 伏尔泰.哲学书简[M].闫素伟，译.北京：商务印书馆，2016：65.

庆祝自己和他人的每一件不幸的事。现在的乐观主义已经结合现实主义，有了更现实的意义。

如果长期努力要获得对所有事情的控制感，却缺少必要的资源，个体会因此而付出代价。如果存在客观上的局限，那么无论付出多少努力都是枉然。如果乐观是作为社会优良品质存在的，那么这个事件应该有必要的因果关系产生的环境，使得乐观能够带来有价值的效应。如果没有，人们就会改变努力的方向，追求那些永远达不到的目标，因而变得筋疲力尽或者失去斗志。人们可能会重新调整其内在的乐观品质，追求能够达到的目标，而并非自己期望的目标。

积极的社会科学不应该只将乐观作为心理学上的特征，而忽视乐观也会受到外在环境的影响，包括他人的影响。这种忽视所带来的危险性在小乐观中体现得尤为明显，人们能很容易决定哪种既定的观念是错误的，在大乐观中则不容易看到。即使人们能够借助于悠久的历史或者是丰富的数据资料，也最终会意识到这些被广泛接受的大乐观只不过是不切实际的期望，如期望某个人能驱除人们生活中的疾病和伤痛。简单来说，当未来可以被积极的思维而不是其他什么所改变时，人们应该保持乐观的心态。这项建议反映了塞利格曼所说的"灵活或复杂的乐观"。当人们面对一种没有控制感的反应或习惯时，这项心理学的策略是值得进行练习的。

（三）日常化积极情绪

1.理性情绪行为治疗

二十世纪六十年代早期，埃利斯（Ellis）开始关注想法和观念对心理问题的引发作用。他认为，人们常常因为不合理的想法而自寻烦恼，教人们用一种更合理的方式来进行思维活动，就可以解决大量心理问题[①]。他的心理学研究模式最初叫作"理性治疗"，后来又改称"理性情绪治疗"，以表明治疗的目的是运用理性的思考来改变情绪反应。到二十世纪九十年代，这个名称又被改成"理性情绪行为治疗"。埃利斯用"非理性的观念"来形容那些造成情绪不安的认知活动。

---

① 埃利斯，哈珀.理性生活指南[M].刘清山，译.北京：机械工业出版社，2019：41.

尽管针对认知行为治疗，不同流派所采用的技术有所不同，但是这些方法关注的都是两个关键的方面：纠正认知和改变行为。纠正认知就是学会识别那些使人们感到难以接受的想法，并把它们变成更有益的、更健康的思维方式。改变行为就是能通过各种技巧，引导个体识别并改变哪些导致或维持心理问题的行为。

认知是由想法和观念组成的，两者彼此联系，但不是一回事。想法是短暂的，常常是人们能意识到的。人们每天都有成百上千的想法。如果人们停止思考并加以回忆，常常能够知道刚才在想什么。想法影响着人们的情感方式和行为方式。观念是稳定的，常常是无意识的假定——对自己、对别人、对周围世界的假定。人们在一部分时间可以有意识地思考观念，甚至质疑观念是否合理或有用，但在另一部分时间不会这样做。人们的观念影响人们的思考、感受和行为方式。

当个体面对某一特定情境时，作为个体的第一反应，一些没有逻辑或现实基础的想法会自动出现在个体头脑中。尽管没有逻辑或现实基础，但完全自动的想法意味着它们未经任何异议就被作为真实的情况而被接受。潜在的观念进一步加强了人们的竞争意识、时间紧迫感。而另外的图式，如抑郁的潜在图式，可能只对个体某些特定生活阶段产生影响。拥有消极自我图式的人并不总是处于苦恼情绪或悲伤状态中，当个体在成年期遭遇压力时，潜在的消极图式会被激活，影响表层认知，从而导致抑郁或其他消极情绪产生。

当人们在日常生活中出现问题时，有些人会不假思索地认为，是那些发生了的事情使自己感到难受。例如，当人们感到愤怒或忧伤时，会认为是别人使自己产生了这样的感受；当人们感到焦虑、受到挫折时，倾向于责怪自己的处境。然而，正如埃利斯指出的那样，并不是人或事让人们感到喜悦或悲伤——它们只不过提供了一种刺激。

2.将坏事变成好事

（1）识别错误的想法。快乐的人有一个重要的特点，就是他们在必要时能够随遇而安。这并不表示他们意志薄弱，事实上，快乐的人常常渴望按自己的设想来办事。然而，他们也愿意接受一些超出自己控制范围的事实。仔细想想会发现，人们在日常生活中经受的痛苦往往源于不合理的观念。埃利斯观察到，人们天生就倾向于用不合理的、挫败自我的方式来思考。有些人的不合理的思维方式已成为习惯，因此他们很容易心烦意乱。所以，如果坚持某种观念使人产生愤怒、焦虑、抑郁、挫败感，或者使人的自尊心受损，那么按照埃利斯的定义，那样的观念是不合理的。这包括导致人们产生自我挫败行为的观念，其会使人们办事拖拉，使人们对某些东西成瘾，使人们在亲密关系中受挫，还使人们忽视自己的身体健康。

（2）辩驳消极的认知。即使在一个不快乐的世界中，个人也可以快乐起来。当然，在一个不快乐的环境中，人不会像在一个令人愉快的环境中那么开心，但也可以选择快乐地生活。对抗不合理的认知，试图保持快乐，本身就充满挑战，并且有趣、有利、有益。要形成健康、合理的认知，重要的一步就是了解人们那些消极的想法和观念。然而，仅仅了解并不能自动改变思维模式，一旦人们认清消极认知，下一步就是驳斥它们。这就要人们通过一些更合理、更有益的方式来看待消极的处境。

二、积极的情绪

（一）情绪概述

从人出生时起，情绪就陪伴其左右。从最初的快乐、惊奇、伤心、厌恶等，到后来的嫉妒、羞愧、苦恼、自豪、骄傲等，从单一的某种情绪发展到多种情绪复合，情绪的种类越来越多，结构越来越复杂。一般认为，情绪是一种以个体的需要为中介的心理活动，是人对客观事物能否满足自己需要的一种态度表现。

情绪反映的不是客观事物本身，而是主客体的关系。人总是依据自己的知识、经验、需要、兴趣、价值观去评价人、事、物，由此对自己所处的环境，对自己的工作、学习、生活，对他人的言语和行为等产生肯定或否定、赞同或反对、接纳或排斥的态度，这些评价和态度被个人清晰地知觉到和体验着，就成为某种情绪。如果某个客观事物能满足人的某种需要，就引起人正向的、肯定的情绪体验，如喜悦、满意、幸福等；反之，如果某个客观事物不能满足人的某种需要，就引起人负向的、否定的情绪体验，如愤怒、悲伤、痛苦等。

情绪包含以下三种成分。

1.主观体验

情绪的主观体验是个体对不同情绪的自我感受。个体对不同情绪的主观体验不同。情绪的主观体验包括情绪体验的性质、强度、紧张度、复杂度等。

根据情绪对人心理活动的效能产生的不同影响，可以区分出两种不同性质的情绪体验：正向的情绪和负向的情绪。符合人的愿望、满足人的需要的刺激，引起人肯定的评价，所引发的情绪就是正向的情绪，如喜爱、快乐、满足、自豪等；与人的愿望背道而驰、妨碍人的需要得到满足的刺激，引起人否定的评价，所引发的情绪就是负向的情绪，如厌倦、烦躁、愤怒、痛苦、害怕等。

情绪体验有强弱之分。情绪体验的强度不仅与刺激本身的强度有关，而且主要取决于个人如何认识、评价刺激对自己的意义，因此每一种情绪体验在强度上会有不同程度的表现。例如，高兴可以表现为愉快、喜悦、欢乐、狂喜等，生气可以表现为不快、气愤、激怒、狂怒等。

情绪体验有紧张与轻松之分。紧张表现为神经系统的兴奋性增强，对目标高度关注，精神上有压迫感，还掺杂了一些不安、担心和恐惧。它通常与活动的紧要关头以及有决定性意义的时刻相联系，往往在人们面临重大、困难而紧迫的任务时产生。轻松则与此相反，或者恰好是在上述任务完成之后产生，表现为紧张被解除，精神上没有压迫感，内心感到无所牵挂、安定、平和、宁静。

在日常生活中，人们较少体验单一的情绪，常常是几种情绪混合在一起。情绪体验的复杂程度取决于快乐、悲哀、恐惧、愤怒等几种原始情绪的组合情况。

2.生理变化

在不同性质、不同强度、不同紧张度的情绪产生之时，人的一些生理活动会同时发生一些变化，如血压升高或降低、心跳加快或减慢、血管收缩或舒张、呼吸急促或变缓等。这些生理变化能增强情绪体验，记录这些变化可以用来测量和描述情绪。

3.行为反应

在情绪产生时，常常会伴随一些外在的行为反应，如面部的眼睛、眉毛、嘴巴的变化，身体姿势的改变，言语表达方式的不同等。情绪的这些外部行为反应可以被人们直接观察到，被称为"表情"。表情分为面部表情、身段表情、言语表情。它们是情绪表达的手段，也是反映情绪的客观指标之一。需要注意的是，外在的表情与内在的情绪并不总是一致的。

（二）积极情绪

1.积极情绪概述

积极情绪的概念来自情绪维度理论。人类所有的情绪都可由几个基本的维度来描述，不同情绪在维度中的距离可以显示情绪之间的相似性和差异性。人们较为公认的是二维情绪模式，该模式将情绪分为愉悦度和唤起度两个维度。

尽管积极情绪的研究越来越受到重视，但对于积极情绪的确切定义，学者目前还没有一致的意见，各学者根据自己对积极情绪的不同理解对积极情绪作出了不同的解说。

综合各家的观点，积极情绪指的是能激发人产生接近行为或行为倾向的一种情绪。所谓接近行为或行为倾向是指产生情绪的主体对情绪的对象能够出现接近行为或接近的行为倾向。积极情绪就是可以促使个体产生愉悦的感受并趋向于某种行动的情绪。

2.积极情绪的功能

（1）积极情绪激活一般行动趋势。情绪是有机体在进化过程中为适应环境而被赋予的，无论是消极情绪还是积极情绪，都具有进化适应的意义。积极情绪能够促进活动的连续性。在积极情绪下，个体会保持趋近和探索新颖事物的行为，保持与环境的主动联结。

（2）积极情绪扩展认知范围。积极情绪，如快乐、兴趣、满意等，能扩展个体的瞬间思维活动序列，促使个体冲破一定的限制而产生更多的思想，能够扩大个体的注意范围，增强个体的认知灵活性，能够拓展个体的认知范围。

（3）积极情绪引起心理弹性。某些人比其他人更能理解和利用积极情绪，其间可能的差别在于心理弹性。弹性个体被认为能快速、有效地从紧张体验中"恢复到原状"，正如弹性材料易于弯曲，但不易折断。这意味着，相对于缺少弹性的个体，弹性个体在高激活的消极情绪后心血管状态恢复得更快。这种恢复到心血管基线水平的能力可能是由积极情绪体验引起的。积极情绪有时是弹性应对的结果，弹性个体也可以使用积极情绪实现有效应对。

（4）积极情绪建设个体资源。积极情绪能够建设个体资源，包括身体资源（如技能、健康）、智力资源（如知识）、人际资源（如友谊、社会支持网络）和心理资源（如心理恢复力）。

（5）积极情绪提升组织效能。积极情绪不仅对于个体的适应能力提升具有重要的作用，对于一个组织来说，组织内成员的积极情绪也是非常重要的。组织内成员的积极情绪可以相互感染和传递，对于营造积极的组织氛围是很关键的，这样能够激励组织内成员提高工作绩效，进而提高组织效能。

（6）积极情绪维护身心健康。长期的积极情绪体验能维护个体的身体和心理健康。

（三）创造积极情绪

1.实验室中的情绪诱导

（1）单词诱导法。赞扬、积极或友好等性质的词语会促使脑干释放大量血清胺，从而让看到这些词语的人体验到快乐的情绪；批评、消极等性质的词语会抑制血清胺的释放，使看到这些词语的人由于缺乏"快乐的化学物质"而变得悲伤。词语对于人类情绪的影响在心理学实验中也经常被采用。在心理学研究中，单词诱导法是早期情绪诱导经常使用的一种方法，具体方法是运用带有情绪色彩的词来诱导积极的或消极的情绪产生。

（2）图片诱导法。在生活中，人们经常会看到各种各样的场景或图片，看到自然景色时会觉得放松和惬意，看到搞笑图片时会不自觉地微笑，看到灾难、死亡等图片时，则会感到难过和痛苦。图片性质的不同诱发出相应不同情绪的方法，在心理学中被称为图片诱导法。其是指使用带有情绪色彩的图片来诱导积极的或消极的情绪产生的方法。

（3）音乐诱导法。有些人在悲伤的时候会情不自禁地选择那些贴近自己情绪的乐曲，如失恋的人常会听那些痴情的歌曲，哀怨的歌词、悲伤的曲调让他们觉得被理解。但是，人们也会发现，通常听着听着，换来的是更多的眼泪和悲伤，而不是快乐和释怀。在心理学实验中，为了使被试产生某种实验所需要的情绪，其中一项重要的方法就是音乐诱导法。人们在情绪低落时，应该选择快乐、节奏感强的音乐，而不应该选择让自己感觉舒缓、孤独的曲调。

不同的音乐在无意识中调节着人们的生理机制，影响着人们当前的情绪。随着科学技术的发展，雅克·潘克塞普（Jaak Panksepp）等学者探究了音乐诱发情绪的生理基础，进一步为音乐诱发情绪提供了客观依据。研究发现，愉快的音乐能够唤起和调控相关的大脑功能分区，如伏隔核、腹侧被盖区、下丘脑以及脑岛等区域，从而促使个体产生愉悦的情绪。因此，当人悲伤的时候，不要再继续听悲伤的音乐，不能让悲伤的音乐继续改变皮肤电、心率，激活不该激活的大脑区域，使人体验更深刻的悲伤。相反，应该多听听那些节奏感强、歌词比较积极的歌曲，改善情绪，创造积极情绪。

（4）视频诱导法。从心理学的角度来看，视频信息综合了视觉、听觉等感知觉，人们需要积极运用多种感知觉通道才能真正理解视频含义。这类情绪诱发材料与其他材料相比具有突出的优点。视频材料能够同时刺激人们的视觉、听觉，从而诱发相应情绪。视频画面是动态呈现的，与自然环境中引起情绪的刺激接近，可以使人们产生更强烈的主观体验和生理变化。因此，视频诱导法是有效的改变情绪的方法。愉快的视频在诱发快乐情绪的同时，还能够使被试体验到兴趣和较高的唤醒；愤怒的视频使被试在体验愤怒的同时还引起了厌恶和唤醒；恐惧的视频诱发了较强烈的恐惧情绪，同时还有厌恶、唤醒和紧张体验；厌恶的视频除了引起较强烈的厌恶情绪以外，被试还报告了较多的惊讶。这些情绪体验比较符合基本情绪的特点。由此可见，视频材料可以诱发较高强度的具体情绪。

除了以上所介绍的科学方法之外，心理学实验中还会采用想象技术诱发情绪或者通过实验人员与被试的相互作用诱发情绪等。在这里，情绪诱导法又被称为情绪启动法，主要是通过一定的刺激形式诱发个体的特定情绪。因此，如果要体验快乐、积极的情绪，可以每天进行自我鼓励、听快乐的音乐、观看愉快的视频等。在日常生活中，还存在着一些对于改善情绪有着积极作用的小技巧。当然，在人们经历某些情绪的情况下，采用上述的某种方法积极改变当前的情绪可能会有一定被动性，改善后的情绪也不一定能够有效保持。例如，人们了解到悲伤的音乐只能加深悲伤，但在悲伤时听那些欢快的音乐可能会觉得过于嘈杂。因此，除了掌握上述的具体的科学方法之外，还可以从思维或者观念上形成积极的品质，这样更有利于人们采用有效的手段调整情绪，而不是沉溺在某种情绪之中。

2.生活中的情绪调整技巧

当不合理或不良情绪产生后，可以采用以下几个方法进行调整。

（1）反驳消极思维法。研究表明，消极思维和消极情绪相辅相成，当人们采用消极思维思考时，会滋生消极情绪。例如，当一个人沉溺在悲伤、失望之中时，通常会伴随焦虑、绝望等其他很多消极情绪，并且这些消极情绪有可能发展成如抑郁症、恐惧症和强迫症等病理性状态。因此，要将消极情绪扼杀在萌芽阶段。

（2）寻找积极意义法。消除消极想法是形成积极情绪的良好开端，但更重要的是要由衷地形成积极情绪。产生积极情绪的一个关键途径就是在日常生活中找到生活的积极意义。生活的意义是一个人对自身生活的解释，是对自己目前状况的理解。人们每天都在有意或无意中建构意义，如果用积极的方式来理解这些意义，就为积极情绪的形成铺平了道路。

（3）注意力转移法。当人情绪激动时，为了使情绪不至于爆发而难以控制，可以有意识地转移注意力，把注意力从引起不良情绪反应的刺激情境转移到其他事物或活动上。具体方法如下：改变注意焦点，分散注意力，如当人们感到苦闷、烦恼时，转移注意力到自己感兴趣的活动中；改变环境，如到风景秀丽的野外去散步，到自己想去的地方玩等，或改变自己的居住环境。这样情绪会慢慢好转。

（4）合理发泄法。在遇到不良情绪时，可以通过发泄痛痛快快地表达出来。合理发泄情绪是指在适当的场合，采取适当的方法排解心中的不良情绪。方法有很多种，如倾诉、哭泣、放声歌唱、大声喊叫或进行剧烈运动等。适度的发泄可以把不快的情绪释放出来，使波动的情绪趋于平静。当心中有烦恼和忧虑时，可以找教师、同学、父母诉说，有时也可用写日记的方式进行倾诉；当受委屈、遭挫折或遇伤心事产生不平、沮丧、悲哀的情绪时，可在独处时或在亲朋好友面前大哭一场，以消除压抑的情绪；当对某一特殊事物产生不满、厌恶的情绪时，可用"喊叫疗法"来发泄，宁心息怒。发泄的目的是把心中积郁的愤怒、悲痛、紧张等消极情绪释放出来，从而消除心理不平衡。合理发泄不等于放纵、任性、胡闹。情绪的发泄要有节制，要注意方式方法和时间场合，尽量不影响别人，不损害自己，否则会带来新的情绪困扰。当消极心理使情绪低落时，越不愿意参加活动，情绪就越低落，而情绪越低落，就越不愿意参加活动。这样就形成了恶性循环，使不良情绪加重。如果适当参加一些有益的活动，或跑跑步、打打球、干干体力活，或唱唱歌、跳跳舞，就可以使积郁的怒气和不良情绪得到发泄，这样原本十分低落的情绪就可以得到改善。

发泄疗法是针对个体负面情绪和情绪不良引发的相关行为问题进行处理的特殊心理治疗方式。人们在现实生活中，经常有各种因素所造成的压力、挫折、人际冲突等引发的难以排解的抑郁、焦虑、愤怒、悲伤、攻击性增强等不良情绪，如处理不及时、不得当，轻者影响工作效率和社会关系，重者甚至会引发意想不到的自伤、自杀和伤人等行为。发泄疗法的原理，就是通过采用对任何个体均不具备伤害性的行为，对具有一定象征意义的物体进行肢体和言语发泄，使难以合理释放的负面情绪得到发泄，平衡生理和心理功能，避免个体的情绪积累过度，长期发展导致身心疾病，或出现难以控制的意外损害。

（5）改变自我法。人们可以通过内在、外表两个层面的积极自我改变来改善自我情绪体验。长期保持一种形象或状态，容易使人觉得沉闷。适时地对稳定的习惯做些小的变动，就会有一种新鲜感。从内在来讲，人们可以经常进行自我鼓励，提醒自己要保持积极的状态，如不断地暗示自己"我一定能行""不要紧张""我不生气"等。

（6）走进自然法。大自然的山水风景不仅能够提供新鲜空气，更能震撼人的心灵。登上高山，会顿感心胸开阔；放眼大海，会有超脱之感；走进森林，就会觉得一切都那么清新。这种美好的感觉往往是良好的情绪的诱导剂。研究表明，在阴雨天人往往容易感到情绪低落，这是人受阳光照射太少而引起的。所以为了保持积极情绪，在生活中可以适当多晒晒太阳。

（7）色彩暗示法。为了保持良好的情绪，应积极寻找、接触那些温暖、柔和而又富有活力的颜色，如绿色、粉红色、浅蓝色等；在情绪消沉低落时，应到一个充满温暖、明快色调的环境中去，避免处于黑色或深蓝色的环境中，也应避免穿黑色或深蓝色的衣服；在烦躁和愤怒的时候，应尽量避免接触红色；要消除忧虑和紧张情绪，可采用具有抚慰作用的中色调，如医院常采用浅蓝色来装饰墙壁，以达到使患者镇静的效果。

3.快速调整情绪的神经语言程序学方法

当感觉到自己产生消极情绪时，改变当前消极情绪的一种简单方法就是基于神经语言程序学（NLP）的方法，具体如下。

（1）身体法。人们在心情不好的时候，会表情沮丧、说话无力、走路时耷拉着脑袋——可以说人们的身体语言淋漓尽致地表达了消极情绪。也就是说，身体的姿势也会影响人们的心理情绪。当人们表现出快乐的、充满信心与活力的表情、动作时，心情也会随之改变。身体法的具体做法包括以下几种。

①微笑。微笑是使身体与心灵健康的良药。微笑与快乐是不需要理由的，事实上当一个人开始微笑时，他就会感受到快乐。微笑会传达给其见到的人，对方也会接收到快乐的力量。

②抬头挺胸。注意观察就会发现，当一个人悲伤、难过的时候，他通常会表现出低头、蜷缩起来等封闭式的身体姿态，而那些快乐、兴奋的人通常会表现出抬头挺胸等开放式的身体姿态。所以，如果一个人垂头丧气、唉声叹气，那是在宣布其情绪低落。所以，从现在开始，不管遇到什么事情，请昂首挺胸、目光坚定，这是在用行动宣告：这是一个快乐的人。这个简单的动作也能改变情绪，让人更有信心。

③避免拖延。拖延是一种普遍存在的问题。研究表明，那些患有拖延症的人通常会感受到更多的压力，严重时拖延症会给个体的身心健康带来消极影响。例如，患者常出现强烈的自责情绪，引发持续不断的自我否定，甚至导致焦虑症、抑郁症等心理疾病。要消除拖延症的不良影响，可以有意识地将做事速度加快20%。雷电般的行动可以带来太阳般的力量与信心。

④提高音量，给自己鼓励。当一个人陷入悲伤时，可以尝试深呼吸，不断对自己说："我喜欢我自己。"一个人处于消极情绪状态时，提高音量，不断重复这句简洁、有力的话语，带着这样的一种信心与人沟通，才可能取得成功。

（2）导演法。人们经常在电影里看到这样的场景：主人公来到某个记忆深刻的地方，他的喜怒哀乐也就随之展开。事实上，人们的经验都保存在记忆里，回忆起过去的经验时，有一些记忆令人们快乐，有一些则令人们不愉快。人们无法改变以往的经验，但是可以改变对以往经验的感受，从而令自己更开心、从容、有力。在神经语言程序学中，人类主要有三个保存经验的通道，分别是视觉、听觉与触觉（味觉与嗅觉较少用）。人们经历的事情，就转化成图像、声音、感觉保存在大脑里。只要改变这些图像、声音、感觉，就可以改变人的感受。

（3）换框法。人与人之间的智力差异较小，并不足以决定每个人的命运，但是人与人之间的成就差别很大。成功的人与失败的人之间的差别在于给事情下一个积极的定义，还是下一个消极的定义。

第二节　积极的人格与自我

一、积极人格

（一）积极人格概述

关于"积极人格"，目前并无公认的定义，对照积极心理学相关文献，"character strengths"与之同义。

"character strengths"是积极心理学家经常使用的一个词语，直译为"性格优势""性格力量"。而在检索文献的过程中发现，"积极人格""优秀品质""人格力量"等是其转译。如不作严格区分，"积极人格"可与"性格优势"及上述其他词语作为同义词使用。

积极人格，在广义上指人类潜在的核心美德和积极力量。具体来说，积极人格是指一些积极的心理品质，是人的优点和正向特质的统称，是性格中的建设性力量。

从目的意义层面看，首先，它与个体幸福生活的实现相联系，有促进自我实现的价值；其次，它与社会道德价值取向相符合，有弘扬公众利益的价值。因此，积极人格指有价值的性格特征或个性品质。从内容方法层面看，心理学一般用"特质"来描述人格，用量表来确认特质。因此，积极人格并不是只能质性评价的抽象内容，而是可以量化评估的具体指标，且不同的个体具有程度上的差异。

积极人格即性格力量。性格力量具有跨时间的稳定性和跨空间的一致性。在日常生活中，特质层面的人格因素与先天层面的天赋因素的作用与功能有时候非常相似，容易被混为一谈。

其一，积极人格有价值指向，而天赋却是生物特征。正直、勇敢、仁慈等性格力量与天赋不同，天赋指过人的语言特长、飞毛腿般的速度或美丽的容貌等，天赋不像性格优势是可以培养的。当然，一些人可以通过训练来学习语言，缩短百米冲刺的时间，或是通过美容产品使自己看起来更美丽，不过这些改变都是有限的，只能在现有水平上再改善一点而已。勇敢、公平及仁慈等品质即使没有很好的基础也可以培养形成，只要有足够的练习及持之以恒、良好的教导与全心的投入，就可以使这些品质生根发芽、茁壮成长，并达到很高的水平。

其二，积极人格表现主观意愿，而天赋相对来说倾向于自主的行为。形容一个高智商的人浪费了自己的天赋很合理，而形容一个仁慈的人浪费了自己的仁慈就说不通了。一个人无法浪费自己的性格优势，其对于优势所面临的选择是什么时候用它们，以及要不要继续加强它们，也包括一开始时要不要拥有它们。只要有足够的意愿，每个人都可以拥有并表现出自己的积极人格，而天赋的获得与展现却是无法凭毅力实现的。

其三，积极人格能产生道德激励作用，而天赋却不能。性格优势是意志行为的表现，与克服困难相联系，因此有道德激励作用。天赋展现相对来说很难效仿，因而没有道德激励作用。展现美德需要意志力，要克服困难才能完成。因而，当人们用意志力做一件好事时，才更有成就感，才能对他人产生激励和引导作用。

积极人格比天赋更缺少先天性和自发性，更多依靠后天的努力和培养，因此，美德有道德价值，有社会示范效应。

（二）塑造积极人格

塑造积极人格，需要做到积极幻想、积极体验、积极适应。

1. 积极幻想

积极幻想是个体在生活中或在面临威胁性情境、压力性事件时所作出的一种对自我、现实生活和未来的消极方面的认知过滤，这种认知过滤是以歪曲表征的方式投射到个体的自我意识中的。我国学者傅佩荣将"积极幻想"译为"积极错觉""积极幻觉"等，认为它是将自我概念的理想化、夸大对可控性的感知和不现实的乐观等作为缓冲器，来保护个体受到威胁的自尊[①]。人们主要可以从以下几个方面来培养自己的积极幻想特质。

（1）自我方面。建立积极的自我意识，相信自己的品质和能力超常；接受并容忍自己能力的不足、某些方面的缺陷；相信自己虽然有一些缺点，但总归是一个有价值的人。

（2）乐观方面。对自己及未来抱有脱离现实的积极期待，相信未来总是美好的；凡事都从积极的角度来思考，忘掉或忽略消极的方面；相信天无绝人之路，凡事总有解决的途径，人不至于陷入悲观绝望的境地。

（3）控制力方面。相信自己可以掌控自己的世界，倾向于高估自己对环境及结果的控制能力；喜欢有挑战性、稍微超出能力范围的任务和情境，喜欢征服困难的成就感。

2. 积极体验

培养积极的体验，要求培养专注力、品味能力，做生活的有心人。

在日常生活中，要以正确的方式阅读一封期待中的电子邮件或者一张意外的生日卡片。不要忽略了这种看似很平常的方式，不要在阅读信件的同时看账单和垃圾邮件，不要把电子邮件快速地扔进回收站里。人们可能在阅读信件的时候打开了电视，或者狼吞虎咽地吃饭，或者接电话——"有什么新鲜事吗？""没什么，还是那些事。"人们要求自己暂时停下来，注意下次出现的美好事情——令人愉悦的事情。它可能是一封信，或者是对自己工作的赞赏，也可能是写的文章得到了一个好分数，一顿大餐、一段谈话或一段冒险的经历。

---

① 傅佩荣. 抗压有方法 [M]. 南昌：江西教育出版社，2007：96.

不管怎么样，人们要品味这些事情。具体而言，有以下策略。

（1）与他人分享。可以找他人分享自己的体验，如果这实现不了，就告诉他人自己有多珍视这一时刻。

（2）重建记忆。为某次经历留下一些纪念照片或者一些纪念品，用来在以后的日子里与他人一起回忆、讲述。

（3）自我祝贺。不要害怕接受奖励，告诉自己怎样给别人留下了深刻的印象，并且为这一刻的到来已等待了许久。

（4）使感觉敏锐。把注意力放在体验的某一特定元素上，暂时封闭对其他元素的体验，并把体验感讲给朋友听。

（5）全神贯注。让自己完全沉浸在快乐中，试着不要想其他事情。

另外，关键的问题在于要把仔细品味变成一种习惯，而不是把它看作一次性的练习。为了达到这个目的，可以提前对快乐以及自己对快乐的反应做出预期。不要把快乐堆积起来，而要及时感受它们，每次享受一种快乐，并按照正确的方式品味它。

3.积极适应

积极人格的培养最终要落实到行为上，要积极地适应生活和周围的环境。主要从以下方面努力。

（1）增强心理弹性。心理弹性可界定为人在面临压力和逆境时，没有被击垮而是很好地应对了这些问题，在这一过程中所表现出来的能力。一个人的心理弹性主要受三方面因素影响：一是个体因素，包括智力水平、社交能力、自信心、自尊心以及信念等；二是家庭因素，生活在家庭和睦、社会地位较高、与亲戚联系紧密的家庭中，心理弹性通常较好；三是环境因素，经常参与各种社交活动，有固定的朋友圈子和支持力量，内心也会更强大。

（2）积极应对。积极应对能消减压力所造成的不良影响，将压力带来的损失降到最低。积极应对在认知上表现为从有利方面看待压力，回忆和吸取过去的经验，考虑多种变通方法等；在行动上表现为积极行动，做有益于事态发展的事情。

一般来说，过大的压力最终会以负面情绪的方式影响当事人的思想与行为，进而影响他们的生理与心理健康。因此，对情绪的自我调控和管理也是积极应对压力的有效方法。当发现自身带有焦虑、痛苦、沮丧、压抑等不良情绪时要及时予以排解。排解不良情绪可以采用放松训练：深呼吸，听音乐，伸懒腰，想好事，在大脑中想象出蓝天白云、森林草原、海浪沙滩等美好景色，让自己体验轻松的感觉。也可以自我发泄，通过倾诉、运动、旅游、哭泣、唱歌、写日记等方法把情绪合理表达出来。另外，通过读书报、看影剧、玩棋牌、养宠物以及逛街、聚会等活动也能较好地转移关注点，摆脱烦恼。

（3）积极发掘自我潜能。发掘自我潜能的几种方法如下。

①积极心理暗示。经常给予自己积极心理暗示，增强自己的信心，可以帮助自己发掘潜能。

②目标假定法。在心中想象出一个比自己更好的"自我"形象，有利于激励自己的斗志，释放自己的潜能。

③实践法。只有在实践中才能激发潜能。要培养有利于激发潜能的习惯，可以从小事做起。

二、积极自我

建构积极自我是贯穿生命全程、追求人生意义的过程。它以自我认识为起点，以自我接纳为前提，以自我完善为动力，以自我实现为目标，是个体在积极人生目标导引下，有意识地改进行为方式、优化个性品质、挖掘自我潜能、奋力自我超越的过程。

（一）建构积极自我的前提：自我接纳

自我接纳是指个体对自我采取的一种积极态度，简言之，就是能欣然接受现实自我的一种态度。

（1）自我接纳的策略。坦然直面自我，将挑剔转化为期待，停止否定自己，学会纵向比较，学会接纳他人，学会积极幻想。

（2）自我接纳的练习。下面介绍几种自我接纳的具体练习方法。

①感谢练习。每天晚上睡觉之前或者一天中抽出来一段时间，做一次自我感谢的练习，并找到三个值得感谢自己的地方，坚持二十一天，一定要每天都做。持续的行动会让人的思维方式发生改变。另外，感谢的事件越具体

越好。

②积极思维练习。所谓积极思维练习，就是不管遇到什么事情，都要想到它好的一面。注意这里不是特指那些糟糕的事情。（尽量让这样的思维方式形成习惯。）

当然，事到临头时，情绪可能很难控制。不过，可以通过反思的方式，每天练习，直到形成下意识的思考反应。（在遇到触犯原则的事情时，该坚持原则还是坚持原则，只不过要运用积极思考的方式，将这件事转化到自己的成长过程中。）

③交换优点练习。这个练习需要找一个同伴，两个人在一起不是相互指出对方的不足，而是相互指出对方的优点。

（二）建构积极自我的动力：自我完善

1.自我完善与人类的基本需要

自我完善的过程具有内部动机的性质，一旦发挥推动作用，就能够使人们在日常生活中不断作出改变，以达到更加理想的自我状态。同时，这样的过程是不需要任何外部的奖励作为支撑的，在一般情况下，自我完善的过程本身带给人们的幸福感就足以使人们保持前行的步伐。

2.在社会实践中的自我完善

自我完善的过程是发生在真实的实践活动中的，实践的过程也是一个不断自我完善的过程。在实践的过程中，个体会不断学习与成长，其能力会不断提高，并可能在此基础上获得一些有重要意义的成就。同时，实践也包含个体与社会中其他人的互动与合作，在共同努力、并肩作战的工作中，个体会与其他人形成良好的社会关系，并以此作为自我认识的重要基础。

3.在目标指引下的自我完善

个体会时常将现实的自我与理想的自我进行比较，认识两者之间存在的差距，并将这种差距作为行动的动力，推动自己不断进取，不断接近理想的状态。一个好的目标应该兼顾个人理想与社会价值。

4.在点滴积累中的自我完善

理想的自我与现实的自我往往存在落差，因此自我完善之路艰辛漫长，需要付出不懈努力。

（三）建构积极自我的目标：自我实现

马斯洛在考察了自我实现者的经历之后，提出了自我实现的八条具体路径：无我地体验生活，全身心投入事业当中；选择成长而非倒退；倾听自我；诚实而不隐瞒；从小事做起，时刻关注自我实现的情况；勤奋努力，为自我实现做好积极的准备；理解高峰体验只是自我实现的短暂时刻；认清自己的防御心理①。

第三节　积极的关系与行动

一、积极的关系

（一）重要的人际关系

1.亲子关系

（1）养育方式与亲子关系。家庭是每个人人际交往的发端，亲子关系奠定了人际关系的雏形。父母不同的养育方式形成不同的亲子关系，并对个体日后的人际交往产生显著影响。因此，养育方式成为学者高度关注的主题。

"权威型"父母，即"高要求、高反应"型父母。这种类型的父母对孩子提出了适当的要求，也会对孩子的行为予以适当的限制，会为孩子设立适当的目标，并督促孩子达成目标。

"专制型"父母，即"高要求、低反应"型父母。这种类型的父母通常会对孩子提出较高的要求。从本质上来看，这种养育方式只考虑了父母的需求，而忽视了孩子的自主性和独立性。

"溺爱型"父母，即"低要求、高反应"型父母。这类父母对孩子充满了无尽的期待和爱，总是无条件满足孩子的要求，很少对孩子提出要求或施加控制。这种抚养方式下成长的孩子表现得很不成熟，自我控制能力差，他们时常

---

① 马斯洛.马斯洛人本哲学[M].成明，编译.北京：九州出版社，2003：63.

会以哭闹的方式寻求即时满足。

"忽视型"父母，即"低要求、低反应"型。这类父母通常不会对孩子提出要求，也不会表现出对孩子的关心。这种抚养方式下成长的孩子，由于与父母的互动较少，出现适应障碍的可能性更大。

（2）家庭变故与亲子关系。离异家庭儿童在智力、同伴关系、情绪障碍、自我控制和问题行为等方面，与完整家庭的儿童相比存在显著差异。总体而言，离异家庭的女孩对单亲家庭的适应情况要优于男孩，离异家庭的男孩显示出更多认知、情绪和社会行为问题。不同年龄、不同心理发展水平的儿童对单亲家庭的适应过程和程度也是有区别的。在家庭破裂时，年龄尚小、心理发展不完善的孩子受到的不良影响大于年龄较大、心理发展成熟的孩子。

（3）父母角色与亲子关系。亲子关系是孩子能够获得的最早的社会支持力量，这种社会支持能够增强个体的主观幸福感，使个体从这种亲密的关系中获得幸福。积极的父母角色不仅要满足孩子基本的生理需要和安全需要，如提供食物、避免事故等，而且要在日常生活中建立起对孩子理解、共情、接纳的情感支持模式，以满足孩子被照顾、被呵护的需要。

（4）家庭中的手足之情。人类在童年期和老年期拥有更亲密融洽的手足之情，在少年期及青年期，兄弟姐妹之间的手足依恋关系会逐渐淡化。因为这一阶段的个体需要打拼学业、事业，建立自己的小家庭，同学关系、同事关系、伴侣关系等新的人际关系的构建大大提升了青少年时期人际相处的社会性需求，削弱了同胞相处的血缘性需求。

同宗同源构成了家庭中兄弟姐妹间与生俱来的亲密关系和手足之情，虽然冲突、摩擦甚至争斗时有发生，但这并不能掩盖手足之情的积极特征。实际上兄弟姐妹间的关爱、合作行为更为常见，他们在朝夕相处的观察与互动中，学会了合作、分享、互助以及共情。同胞关系通常被赋予"血浓于水"的情感期待。因此，兄弟姐妹间所形成的同胞关系往往是无条件接纳和无条件支持的主要力量。

2.婚姻关系

（1）婚姻的基础：爱情。爱情是婚姻的基础，婚姻又是爱情的延续。对于爱情的关注，也是心理学研究中经久不衰的话题。拥有怎样的爱情，也常常决定了人们婚姻的状态。

（2）婚姻关系的四个阶段。婚姻中存在的亲密关系按经营成熟程度的不同，主要可以分为彼此相连的四个阶段：亲近感阶段、理解感阶段、尊重感阶段和期待感阶段。

亲近感阶段是双方亲密关系的第一阶段，它是指双方之间有相互接近的意向，彼此在看到对方时能产生愉悦体验，也就是很愿意看到对方。这主要是由对方的一些外部特征引起的，如行为方式、生理特点、籍贯、职业、业余爱好、宗教信仰等。理解感阶段是指关系双方能主动交换各自的立场，从对方的角度来看待周围的世界。尊重感阶段是指关系双方不仅能相互理解，在认知上取得一致，而且在情感上也能引起共鸣。期待感阶段是亲密关系的最高阶段，它是指关系双方已在认知、情感、思想中看到彼此的影子。

（3）婚姻质量的影响因素。持久的幸福与美满的婚姻关系是密不可分的，每一个走入婚姻殿堂的人都会怀揣着对婚姻的美好向往，然而稳定和满意的婚姻却受到很多个人和外在因素的影响，如婚姻关系存续时间长短、工作冲突、休闲方式、沟通方式等。

3. 朋友关系

朋友是指那些与自己建立了依恋关系并产生友谊的人，朋友关系是亲密感和幸福感的重要来源。

（1）依恋类型与友谊。对于成人的依恋可分为安全型依恋、迷恋型依恋、淡漠型依恋和恐惧型依恋。在这之外有研究者也曾提出过一些其他依恋类型的分类标准。无论依照何种标准划分依恋类型，依恋风格对个体人际关系的影响都是一致的。对父母形成安全型依恋的儿童更可能发展起良好的同伴友谊。即使到了成年期，安全型依恋的人在工作中也能够信任同事，能与别人合作。与其他类型相比，安全型依恋的人性格温和，对人友好，对冲突也抱有积极和建设性的预期。并且他们适合建立持久、牢固和愉快的关系。

（2）性别与友谊。在儿童期，同伴交往就存在着很大的性别差异。女生更倾向合作、更关注相互关系，而男生更倾向竞争、更关注活动本身。男生更愿意在大范围的同伴群体中活动，而女生则更喜欢在小群体内活动。即使到了成年期，男女之间的友谊方式也存在很大的差异，女性的亲密朋友通常比男性多，并且认为拥有亲密朋友有许多好处。亲密关系的形成具有排他性，同伴友谊也不例外。

（3）友谊中不可避免的话题：信任、背叛、宽恕、感恩。

4.同事关系

同事关系主要是指同级关系。同级之间往往目标一致、地位平等、接触频繁、相互依存。同事关系是重要的人际关系之一。建立良好的同事关系，既有助于进一步协调上下级之间的纵向关系，也有助于同级之间横向关系的巩固和发展，还可以为人们创造良好的人际环境，为发挥群体的智慧和力量提供前提条件。

同事关系的内涵可以从三个维度展开，即情感性关系、工具性关系和义务性关系。

（1）情感性关系。情感是关系中重要的成分。情感性关系可分为既定情感和真正情感。从字面意思来看，既定情感是我国社会既定的人际关系，即在人伦指引下，一定会有，并一定要有的情感，也称人情。同事间的情感性关系主要指真正情感，这种关系是基于彼此关怀与情感分享的，是主要为满足人对关爱、温情、安全感和归属感等情感方面的需要而建立起来的一种长久的、稳定的关系。同事间情感性关系界定为，同事之间因兴趣、价值观、特性所引发的发自内心的感情。这种感情表现为自愿的关心、关爱、关切等，并且能够满足对方对安全、归属的情感性需求。

（2）工具性关系。关系的基础是人们相互之间存在的利益，工具性关系即交往者之间的利益交换关系。后来这一内容得到了拓展，存在于工具性关系中利益交换的内容不仅仅包括物质、经济利益，也包括精神、政治利益等。

（3）义务性关系。义务性关系是关系的重要组成部分，在一定程度上可以说是中国人关系的核心。这是由伦理义务所规定的关系，个体在行为上重在依礼行事，履行角色关系所规定的义务。

（二）积极人际关系的发展阶段

在整个积极人际关系发展过程中，按其发展的进度大致可分为三个阶段。

1.注意阶段

这是指人与人之间从开始时的无关发展到单向注意，进而到双向注意的阶段。这是只有当对方的某些特质，如某种需要倾向、兴趣特征等能引起自己情感上的共鸣时，才会引起的注意，从而把对方纳入自己的知觉对象或交往对象的范围。

2.接触阶段

这是指交往双方由注意逐渐转向情感的探索，开始角色性接触的阶段，如打招呼、聊天、工作上的联系、学习上的互助和生活上的相互照顾等。这一阶段的目的是探索彼此的共同情感领域，经过一定的情感探索、情感沟通，双方自我表露的深度和广度有所增加，但仍未进入对方的私密性领域。

3.融合阶段

这是指由接触而导致情感联系不断加强，心理卷入程度不断加深，进入稳定交往的阶段。随着交往双方接触频率的增加，彼此间了解程度不断加深，情感联系越来越密切，心理距离越来越小，在心理上逐渐有了依恋和融合，这标志着人际关系已经发生了实质性的变化。

（三）积极人际关系的主要特征

1.思想相容性高

积极的人际关系双方在思想观念方面基本上是一致的，即所谓的志同道合。因而，双方对各种信息的理解，对各种事物的态度，也多相似或相同。即使发生矛盾、冲突，遇到分歧，彼此也能相互宽容，承认各自的价值，找出相互妥协的地方，而不会轻易发生排他现象，导致关系破裂、分道扬镳。

2.行为和谐统一

双方在行为方面相互模仿、相互赞扬和激励，从而达到和谐统一。和谐统一是积极人际关系的主要特征。这种人际关系容易出现合作、利他和献身行为。合作行为是人际关系双方互利互惠的行为，双方共同"投入"，共享"产出"；利他行为是甲方对乙方的无私相助，甲方只管"投入"，而不希望乙方的报偿；献身行为是甲方为乙方的利益作出重大的自我牺牲，甚至牺牲自己宝贵的生命。

3.人际心理距离近

人与人交往，心理距离各不相同，有的心理距离近，交往频率高，接触机会多，并且交流信息量大，有的则心理距离远，虽然朝夕相处，交往次数和时间却较少。积极人际关系就是近距离的人际关系，最近的可达到零距离。

（四）积极人际关系的基本原则

1.平等原则

在人际交往中总有一定的付出或投入，交往双方的需要和这种需要的满足程度必须是平等的，平等是建立人际关系的前提。人际交往是人们之间的心理沟通方式，是主动的、相互的、有来有往的。人都有友爱和受人尊敬的需要，都希望得到别人的平等对待。人的这种需要，就是平等的需要。

2.相容原则

相容是指人际交往中的心理相容，即人与人之间的融洽关系，与人相处时的包容及忍让。要做到心理相容，应注意提高交往频率、寻找共同点、做到谦虚和宽容。为人处世要心胸开阔，宽以待人。要体谅他人，遇事多为别人着想，即使别人犯了错误，或冒犯了自己，也不要斤斤计较，以免因小失大，伤害相互之间的感情。只要干事业团结有力，做出一些让步是值得的。

3.互利原则

建立良好的人际关系离不开互助互利。其可表现为人际关系的相互依存，通过物质、能量、精神、感情的交换而使各自的需要得到满足。

4.信用原则

信用指一个人诚实、不欺骗、遵守诺言，从而取得他人的信任。人离不开交往，交往离不开信用。要做到说话算数，不轻许诺言，与人交往时要热情友好、以诚相待、不卑不亢，端庄而不过于矜持，谦逊而不矫饰伪行，要充分显示自己的自信心。一个人有自信心，才可能取得别人的信赖。处事果断、富有主见、精神饱满、充满自信的人容易激发别人的交往动机，博取别人的信任，散发着使人乐于交往的魅力。

上述这些人际交往的基本原则，是处理人际关系不可缺少的几个方面。运用和掌握这些原则是处理好人际关系的基本条件。

二、积极的行动

目标、计划、行动对于成功而言，都是必不可少的前提条件。要想取得成功，需要明确的目标、科学的计划，更需要积极的行动。如果没有行动，目标就失去了意义，再周详的计划也毫无价值，成功的人生更是无从谈起。因此要使计划成为现实，就必须按照计划积极行动。

（一）敢于行动

计划能否实现，很大程度上取决于是否敢于行动。正所谓心动不如行动，只有将犹豫抛在脑后，及早将计划付诸行动，从现在做起，才能完成人生规划，也才有成功的可能。

很多机会都是在思而不决、决而不行中白白浪费的。机会稍纵即逝，不够敏感就不能够快速反应，只能错失良机。人们常说时间不等人。假如把这个时代的"机会"比喻成飞禽的话，先"开枪"——行动起来，比先"瞄准"——等做好准备再开始，更具现实性，也更容易取得成功。

在生活当中通常会看到这样两种人：第一种人是"行动者"，他们的主要特点是快速反应、勇于实践，在事情刚有点儿眉目，时机看起来似乎还不是很成熟的时候就已经开始行动了，他们常常会被看作比较"莽撞"的人；第二种人做事比较谨慎，他们在行动之前总是瞻前顾后，周密计划，反复论证，尽管如此，行动起来还是提心吊胆、战战兢兢，这种人常常被看作太注重细节的"完美主义者"。

在生活中，被认为"莽撞"的人往往比"完美主义者"更容易成功。"莽撞"的人在机会来临的时候，一般情况下不会多想，会迅速行动起来，在行动中积累自己的优势，领先于别人。其实，只要领先了别人半步，按照马太效应，就会抢占先机。过于注重细节、追求完美的人，往往关注的是自己的内部，对外界的困难常常有夸大的倾向。因此，他们常常认为事情必须做详尽的安排。如果等到机会成熟后再开始行动，结果往往是失去先机。

一些人误读"机会是给有准备的人"，认为机遇似乎会在某一个地方等着，所以只要老老实实地做准备、积蓄力量就可以了。其实，这样的想法有些片面。机遇不会在某个地方等待，机遇常常会"伪装"起来，隐藏起来。只有迅速行动，不停搜索，才能够发现它，进而抓住它。所谓的机遇往往是由自己在行动中创造出来的。

没有问题，没有条件，更没有抱怨，只有行动，积极而坚决地行动。人的一生有没有意义，不是看其想法有多好，关键是看能不能把想法变成现实，人生的意义就在实现自己想法的行动过程之中。敢于行动，才会离成功最近。

（二）主动争取

主动争取是人对自身价值和能力的充分自信，是在认清自己现状后所保持的一种昂扬斗志，是人生成功、幸福的关键。生活中许多行动迟缓的人从本质上看正是因为缺乏自信。在现实生活中，如果能主动争取机会，就会对个人的学业、事业产生十分积极的影响。

（三）锲而不舍

锲而不舍追寻的是理想，折射的是信心和坚韧，它是实现目标必不可少的品质。在现代社会，人们的心态比较浮躁，急于求成，梦想着一夜之间功成名就，一年半载就能实现自己的人生梦想。可成功是漫长的马拉松之旅，而不是短短十几秒的百米冲刺。俗话说："欲速则不达。"在迈向目标的路途上，有太多的艰辛、太多的干扰、太多的诱惑让人感到彷徨、沮丧。不要放弃，因为成功就在枯燥的重复和坚持中到来。

（四）灵活行动

目标的实现，一方面要积极行动、努力奋斗，另一方面也需要灵活机动、迂回制胜。所谓灵活行动，主要是指根据内外部环境的变化，随时对自己的行动计划进行调整。必要时应准备几套实施方案，当情况发生变化，第一套方案受阻时，就按第二套方案行动。环境在变，行动也要做出相应的改变，这样就能避免由于内外部环境的变化而使计划落空。在适应内外部环境变化的同时，还要学会迂回前进。只要处理得当、目标明确，一个时机恰当的迂回前进往往会令人长久受益。

（五）绝不拖延

立即行动而不拖延，需要记住以下几点。

1.不为拖延找借口

没有什么人会为他人承担拖延的损失，拖延的后果只能自己承担。

2.给出期限，提高效率

拖延者都不爱制订计划，因为有了计划就有了依据和标准，就有了约束与监控，就不能"脚踩西瓜皮，滑到哪里算哪里"。给行动计划一个明确的时间期限后，才会激发人的紧张感和压力感，使人保持良好的热情与斗志，不会虚度时光，从而大大提高工作与学习效率。

3.有压力的事情立即做

越拖延，厌恶感越强，压力越大，畏难情绪越重，还不如趁厌恶感还未滋生或比较弱的时候赶快行动，完成应该完成的事情。立即行动省事又省心。许多事情在没做之前总让人顾虑重重，可真正放手去做后，人们才会惊讶地发现，事情没有想象的那么复杂。

第三章　心理管理学视角下的积极心理

第一节 概述：探析积极的心理管理学

一、解析积极的心理管理学

人的心理是可以分为个体心理、群体心理、社会心理和公共心理的。所以，也就有了个体心理人、群体心理人、社会心理人和公共心理人的区别。这样就形成了对人的分类和对人的心理的分类。这是人类及其社会发展到现代的一种状态。对这种状态的研究属于人学的范畴。积极的心理管理学具体解析如下。

（一）积极的心理管理学是一门新型学科

1."新"管理角度

心理的新的视角，对应的是一种教育的角度和咨询的角度。它要研究和解决的不是管理过程中的心理现象和规律的问题，而是对心理的管理或者利用心理来进行管理的问题。过去人们一般把心理放在一个客观的视角中加以认识，而现在由于积极的心理管理学的提出，人们就把心理放在了一个主观的视角中加以审视和理解，注重从管理和管理学的角度来看待心理的现象、规律和问题。这也是积极的心理管理学与管理心理学的根本不同之处。简言之，管理心理学只是从心理学的角度来看待管理的过程、问题和规律。人们会因观察和思考角度的不同而对事物得出不同的理解结果。从管理的角度来看待心理，就把心理纳入了一个管理的范围和过程之中，由此也就形成了对心理的三种理解：一是作为主体的心理，这是管理者的心理；二是作为客体的心理；这是被管理者的心理；三是作为过程的心理，这是变化着的心理。这个角度体现了人类的主动性与主体性。一般认为，人是受心理支配和控制的，而人也是可以控制其心理的。控制属于管理的范畴，是其中的一种方法，而不是唯一的方法。其难度就在于，用自身理性与意识的一半来管理和控制自身非理性与心理的一半。

2."新"整体角度

心理的新的理解，对应的是一个分体的角度。所谓理解，其实就是一种对规律的发现，不仅要发现表象规律，还要挖掘内在规律。选择了视角，并不等于有了理解；有了理解，并不等于就到达了一种深入和科学的程度。过去理解心理，一般是把心理放在一个分化、分析和分解的思维之中进行和展开的，所以理解的心理往往是孤立的、独立的和分体的。整体与分体是相互依存的，各有利弊的。值得注意的是，整体并不是简单的分体直接相加而成的，它还包含更多的协调整合功能，从而使得整体能够呈现出"1+1>2"的效果。从整体的角度来理解心理就会发现，心理不仅受自身发展和生理变化的影响，还受社会和政府管理所形成的环境因素的影响。所以，从这个角度出发，心理现状就不仅是客观的心理变化，还是生理状况、精神状况、知识状况、经历状况和社会整体状况的互动与综合的反映。要想改变心理状况，就不能只对心理发力，还应该对非心理因素特别是环境和氛围发力。

3."新"互动角度

心理的新的理论，对应的是一种各自为政的、静态的理论。所谓理论，就是对规律的发现、挖掘、整合和利用及其表述的系统化。它既要求从利用的角度来看待规律，又要求从规律的角度来看待利用。从这个角度出发，认识心理的目的就不是简单了解和理解静态心理，而是了解复杂的动态心理，应对心理问题，其中就存在心理与管理之间的互存、互动和互进的博弈过程问题。心理与管理之间的互动是这二者相互作用、相互影响的一个动态过程，既有良性互动，也有恶性互动。既然是一个过程，其中就有因素和机制的问题，就有历史、现状和未来的问题，就有可知和未知的问题，就有可变和未变的问题，就有交叉和互动的问题，就有循环和递进的问题。从这个角度出发，可以得出一个结论：心理基本处于一种自然、客观和被动的位置，管理则处于一种自为、主观和主动的位置。如果两者之间的矛盾和冲突达到了不可调和的程度，其关键在于管理者与被管理者之间的互动。

4."新"积极层面

这说的是对心理管理的新的要求。它新在不仅要对"心理"进行管理，还要把"心理"管理到一个新的方向和层面，要管理到一个"积极"的程度上。要达到这个新高度是很有难度的，人类至今既没有很好的方法，也没有很成熟的思路。"积极"更多属于一种精神状态，不只是一种心理状态，更是一种意识和心理混合的状态。"积极"是一种既不绝望又不狂躁的心理状态。这个度很难把握。

（二）积极的心理管理学是一种哲学思考

这是对积极的心理管理学之"学"的定位。对"学"一般有两种定位。第一种是"科学"之"学"的定位。这种定位具有分析性和可操作性，是以学科为基础的分化。人们一般认同这种定位，也喜欢和操作这种定位。这种定位一般给人一种数据化和量化、模式化和模型化的印象。第二种是"哲学"之"学"的定位。这种定位具有综合性和认知性。这种定位的结果一般给人一种质量和定性、宏观和战略、整体和长远、思辨和思维的印象。

积极的心理管理学的发展至今基本上处于概念提出的阶段，还没有到可以进行科学研究的程度，所以，人们也只能对其进行哲学思考。有关问题和规律的研究较复杂，其中有很多的可知和未知、可变和未变、可测和不可测的因素在其中发生交叉和交替，所以，现在到了应该对积极的心理管理学进行初步设计的时候。

对积极的心理管理学进行哲学思考可以从下列角度展开。

1. 综合性哲学

社会发展到现在正处于一个分立的状态，冲突与斗争逐渐消解。但人们的思维方式还一直停留在分析性哲学上。分析性哲学往往是将部分和因素做分离式的解析，把"一"分成了"二"，甚至更多。这种思维滞后于实际的状况会使人们最终丧失对社会趋势的整体把握。于是，社会及其发展又在强烈地呼唤着综合性哲学。与分析性哲学相反的是，综合性哲学一般注重对事物、事件的整体进行了解和研究。其中，分析性哲学一般导致的是矛盾哲学和斗争哲学，而综合性哲学一般导致的是合作哲学与和谐哲学。

过去，人们总是把"心理"与"管理"割裂开来审视、认识。这样做的优点在于，对它们各自的现象、问题和规律进行认识、概括和理解，但没有把它们放在一个互动的整体状态中进行联想、思考和操作。其实，它们早已一起发挥综合性作用了。

2. 潜在性哲学

从什么角度来看待社会发展的问题，是显在性哲学的思维。而与显在性哲学相对应的是潜在性哲学。潜在性哲学有利于帮助人们及时地、深入地、深刻地了解和理解社会发展的一般现象、问题和规律。

积极的心理管理学要从显在性哲学角度出发对潜在对象进行思考和研究。其中，对心理的研究属于潜在性哲学范畴，而对管理的研究则属于显在性哲学范畴。人们研究显在问题已经很多，研究潜在问题还较少，不仅研究意识很欠缺，而且研究能力也十分薄弱。人们应该清醒地认识到显在与潜在之间的关系问题：显在是从潜在发展而来的，潜在发展到一定程度就会走向显在。所以，研究了潜在状态就等于研究了显在的前瞻状态。事实上，只有研究了明天会怎样才能判断今天该怎么做。这其实是有利于预测未来显在状况的发生、变化和发展的，并可以根据相关态势提出对策。

3. 间接性哲学

这类哲学所思考的是一种间接性的作用、现象和问题。因素是有作用的，作用有直接和间接之分。一般来说，直接的就是表面的、表象的和表现的，而间接的往往就是隐含的、隐藏的和隐蔽的。

其实，在"心理"与"管理"的互动中，"心理"对"管理"的作用一般是直接的，而"管理"对"心理"的作用一般是间接的。其中就涉及对"管理"的理解问题。从程度的角度看，"管理"比控制要软，但比教育要硬。

4. 系统性哲学

这是对事物和事件内部结构的思考，注重寻找的是系统内部的架构以及两个系统之间的联系、互动和转换。由此形成的系统性哲学注重的往往是小事，但不是局部。心理的效应，哪怕是一个微小的活动或环境的变化，也会产生非线性甚至化学的反应和效果。

5. 辩证性哲学

事物是相对的，也是运动和变化的。所以，研究相对和变化的事物需要运用辩证思维。辩证思维包含两种子思维：一是变化的思维，这是一种随事物的变化而变化的思维，是一种可动的、运动的和互动的动态思维，是一种循环的和螺旋式的轨迹思维；二是两分和两面的思维，如同天使和魔鬼并存的思维。

（三）积极的心理管理学是一种操作方法

积极的心理管理学指的是用管理的方法来看待心理。其对应的是教育的方法和咨询的方法。不同的方法对应的是不同的对象。心理管理一般是通过行为管理来实现的。心理管理与一般的管理不同之处在于，心理管理既要针对行为，又要超越行为，从而引导心理向良性、健康、积极的方向发展。

对心理进行管理还可以从意识和思想层面深入展开。意识和思想既是心理的反映，也具有独特和独立的系统性。所以，对意识和思想只能引导和教育。心理管理要接触和碰撞意识和思想，不能到意识和思想为止，还应该再深入和拓展下去。但这是心理教育学要解决的问题，而不是积极的心理管理学要研究的主题。

同时，"管理"不仅要有理念，还要有手段和方法，更需要方案，特别是要注重外管行为和内理机理，以及先管外部而后理内部的程序。方法之间又有相同和不同，相同在于都要求技巧和技术及其熟练程度，不同在于目标和价值。

（四）积极的心理管理学是一门新型艺术

管理既是科学，亦是艺术，更多的是艺术。科学是指发现、积累并公认的普遍真理或普遍定理的运用，已系统化和公式化了的知识，包括观察、假设、验证三个步骤，并且能够用数学、逻辑和实验重复证实因果关系。管理具有这个特点。艺术是指凭借技巧、意愿、想象力、经验等人为因素的融合与平衡创作隐含美学的器物、环境、影像、动作或声音的表达模式，也指和他人分享美的、有深意的、有情感与意识的、人类用以表达既有感知的且将个人或群体体验沉淀与展现的过程。管理最终是管人，而管人最终落实到的是人的心理管理。人不是机器，心理因人而异，因此管理是具体的，心理管理更是要细致。心理管理是一门新型的艺术。艺术是可以通过熟能生巧而提高、完善和发展的。

管理本身就是一门艺术，是需要依据对象、时间、空间和目的的不同而有所变化的。首先，艺术是一种技术，技术是艺术的基础；其次，艺术是一种综合技术，就是把很多技术混合和综合起来；最后，艺术是一种超越技术，就是对技术的超越和驾驭。在心理管理中，要特别讲究艺术性，因为心理管理针对的是人的敏感的心理。人的心理是千差万别的，其中有的人特别敏感，如神经质心理，别人稍有不慎，就容易激怒其情绪。心理是不断变化的，有时甚至是难以捉摸的。心理还是有记忆的，并且是一种有选择的记忆。要掌握具有不同经历的人物在不同时间和不同场合里的心理反应和反应的不同之处，并及时对人的心理进行艺术的管理。艺术涉及技术层面熟能生巧的问题，涉及经验日积月累的问题。这也进一步验证了管理是一门可操作性很强的学问的基本判断。

实际上，把积极的心理管理学界定为一门艺术就意味着，要注意艺术现场的临时发挥问题，要注意发挥者的现场情绪以及情感的激发、把握和调节问题。其中的"激发""把握"和"调节"其实就是管理的三种主要的手段和方法。这就要求个人对积极的心理管理有一个逐渐成长、成熟和完善的过程，只有在有意识的前提下反复探索才能形成范式并发挥作用。

二、积极的心理管理可行性

（一）对心理有较好认识

这主要是弗洛伊德的功劳。他让人们从此知道、了解和理解了什么是心理及其机理，区别了"心理"与"心里"的不同，而且不断提醒人们，心理不适和疾病正在困扰人们的日常生活。在经过百余年的发展后，认识、认同"心理"这一概念的人越来越多，人们对心理不适、心理问题和疾病的预防意识越来越强，人们在心理方面的咨询意识和措施意识也越来越强，这些是心理管理的社会主观基础。

（二）对管理有一定深入

在现实中对心理进行管理，除了要对心理有所认识和研究外，还要关注管理研究的程度。实际上，管理是一项有意识的活动。人类的管理意识和经验已经积累到一定程度，大致经历了如下四个发展阶段：一是管时的阶段，二是管物的阶段，三是管人的阶段，四是管心的阶段。这其实是一个由表及里、循序渐进的发展过程。

（三）对媒介有一定发展

这里的媒介不仅指传播的媒体，而且指社会与人的心理之间关系的媒介，包括交通条件的便捷、印刷媒体和网络媒体的盛行、民众权利理念的交流增多与政治参与意识的提升等。媒介数量增多，媒介的渗透力有质的发展，提升了民众获取外部信息的能力和速度，各种社会力量的主体都不断扩大自己的声音，对人们的心理进行引导从而使自己的影响力增强，最终推动国家治理和社会治理的决策发生改变。媒介的传播性和普及性为对心理进行管理打下基础，对人们的思维和行为产生不同角度和不同程度的影响。由此，媒介的发展直接影响了人对心理进行管理的程度。客观情况是，媒介及其发展本身并不等于管理。媒体从功能上来看，有知识性媒体、信息性媒体和管理性媒体。媒体的管理作用基本上还是客观的而不是主观的，是自然的而不是人工的，是隐性的而不是显性的，由此导致了民众所能接受的也只有隐性的媒体管理作用。作为第四媒体的网络的形成、运行和发展，使得对个体心理、群体心理、社会心理和公共心理的管理最终成为可能。

（四）对心理管理意识有一定加强

虽然需求和动机决定行为，但意识的作用也是巨大的。在对心理进行管理的时候就是如此。事物的本身并不影响人，人们只受对事物看法的影响。事物经过人的看法之后最终呈现出来有一个过程，这就是"社会化学过程"。拿"颜色与电磁波的关系"来比喻可以较好地理解：人眼睛看到的颜色是入射光在与物质里的电子相互作用被吸收掉部分电磁波后，剩下的未被吸收的部分被反射出来而呈现出来的颜色。在这里，如果人们看到的各类社会状态是"颜色"，那么社会存在是"入射光"，人体是"物质"，人的心理作用是"电磁波"，社会存在被人的不同程度的心理消化后，最后整体呈现出来的是各类社会状态。积极的心理管理就是人体这个"物质"的"电磁波"，用来将社会存在消化得更多、更好，从而使得社会有序高效运转。

心理管理有几种表现形态：一是干预，二是影响，三是管理。其中，管理是系统的、综合的、有目的的和有持续影响的。人们已经在这方面做了一些积极和主动的探索。

（五）对心理管理领域有一定探索

人们已经从各个角度尝试着探索对心理的主动和主观的预测、测试和管理了。目前，国内有关的探索领域有如下四个方面。

1. 当兵须心理检测

2003 年，武警部队华东精神卫生康复中心在上海浦东挂牌成立。它的任务是，针对市场经济生活节奏加快、独生子女当兵数量逐年增多、一些官兵心理承受能力较弱容易引发心理疾患等情况，在部队广泛开展心理健康和咨询服务，让部队人员参与心理健康测试与评价，并着力抓好精神心理疾病的防治工作等。深入部队调查发现，精神分裂症和情感性障碍等一些病例已成为部队建设的问题之一。

2. 大学招生测心理

2004 年，参加北京师范大学自主招生选拔考试的学生参加了一场为时 30 分钟的心理测试。测试是用健康量表进行的，主要是测试学生对压力的承受能力，以及学生的焦虑、抑郁等倾向状况，还有他们对环境的适应能力。尽管不能说未通过这种测试的学生心理不健康，但这样的测试确实能有效地筛选出心理健康的学生，从而减少可能存在心理问题的学生。

3. 干部公选引入心理测试机制

四川省在这方面已经进行了积极探索，并且已在全国组织系统中引起强烈反响。四川省对于干部成长与其心理素质的关系作了一个反向结论：凡是那些出了问题的干部，都不同程度患有心理疾病。干部公开选拔在批判地吸收传统经验的基础上，大胆地运用了一些欧美发达国家在选拔国家高级公务员时通常运用的考评手段。考试试题主要与个人兴趣爱好，甚至日常工作、生活中的一些事情有关。心理测试在整个考核中所占的权重为 5%。如果干部自身的心理不和谐、领导班子成员间个性心理特征不和谐，要营造和谐社会就很难落到实处。

4.心理鉴别法引入测谎系统

人们在写虚构事件时，下笔容易重，笔画容易长，字体容易大。人们在说谎时，因为要虚构，要自圆其说，所以大脑会更紧张地思索，就会影响正常的书写。这个发现很有应用前景，可望协助银行验证贷款申请，甚至可以用于保险金申请等。这项研究目前只处于初步阶段，还需进行大规模和深入测试。

第二节　理论：积极的心理管理学的激励理论

社会是由不同的要素构成的，人、财、物、时间、信息等都是不可或缺的，其中人是核心的要素，因为其他要素作用的发挥都离不开人的作用。社会越发展对人的要求就会越高，人的创造性和积极性成了组织成败的关键性因素。在现代科技发展过程中，人们对其他生产要素的预测和控制会更加准确，但是，对人这种要素的预测和控制难度依然很大，特别是"如何调动人的积极性"这一问题长期以来一直是困扰管理实践的关键问题。根据激励理论研究激励问题的角度不同，可将该理论分为内容型激励理论、过程型激励理论和行为改造型激励理论三种。

一、内容型激励理论

内容型激励理论是以激发动机的因素为主要研究内容的。管理心理学认为，需要是激励过程的起点[①]，因而，这一类型的理论主要从人的需要出发，探讨工作动机激励的规律性。其主要包括马斯洛的需要层次理论、奥尔德弗（Alderfer）的 ERG 理论、麦克利兰（McClelland）的成就需要理论和赫茨伯格（Herzberg）的双因素理论。

---

① 阿德勒.心理学与生活[M].边爱萍，译.北京：西苑出版社，2021：45.

（一）马斯洛的需要层次理论

马斯洛于 1943 年首次提出了需要层次理论，他认为人的需要按由低到高分为五个层次，即生理、安全、归属与爱（社交）、尊重、自我实现的需要[①]。马斯洛的需要层次理论在管理实践中的应用：人的行为是由需要引起的，因此管理者首先应准确把握员工的需要，尤其是当前的优势需要，然后再设法满足他们的其他需要。在我国，人们的生理需要已经基本得到满足，因此管理者应当重点满足员工的安全需要、社交需要、尊重需要和自我实现的需要。在管理过程中主要应注意以下几点。

1. 精准满足员工的安全需要

安全需要可以分为经济上的安全需要、心理上的安全需要和人身上的安全需要三种，满足这些不同种类的安全需要的管理措施也不同。对于经济上的安全需要，可以通过设置合理的工资报酬、奖金和福利等措施予以满足。对于心理上的安全需要，则可以通过给员工规定明确的职责和安排其能力所及的任务，同时又经常给予他们评价和表扬来满足。如果管理者能适时地帮助和指导员工解决问题，尽量保持政策和管理措施的连续性和稳定性，员工在心理上的安全感也会增强。对于工作中人身上的安全需要，管理者要设法改善工作环境，合理安排作息时间，以满足员工这方面的需要。

2. 充分满足员工的社交需要

满足员工的社交需要可以充分实现组织人际关系的和谐。当管理者观察到员工的社交需要已成为其主导性的需要时，应当支持、赞许员工，鼓励他们参与集体活动，更多地组织员工参加各部门之间的联谊活动，培养员工对集体规则的遵从。管理者对非正式组织的存在也不应该排斥，只要非正式组织的目标不与企业目标相背离，就可以充分发挥非正式组织在增进人际关系方面的作用。

3. 重视员工的尊重需要

有尊重需求的人渴望自己被他人认可，希望别人按照他们的实际形象来接受他们，并认为他们有能力，能胜任工作。一般来说，如果一个人的尊重需

① 马斯洛 . 动机与人格 [M]. 李省时，马淑璇，于诗雯，译 . 南京：江苏人民出版社，2021：19.

要比较强烈的话，他是比较看重成就、名声、地位和晋升机会的。当人们得到成就、名声、地位时，他们内心的自我认可也会得到强化；而如果别人给予他们的认可不是根据他们的实际才能做出的，他们的内心也会产生紧张感，会认为自己徒有虚名。这就要求管理者在对员工进行激励的时候，要把握好员工的需要，了解员工需要的实际状况，要实事求是地对员工进行激励。

4. 协助员工满足自我实现的需要

自我实现是需要的最高境界，现实生活中能够达到这种境界的人比较少。到了这一阶段，人们会有很强的自律意识，善于独处，解决问题能力强，且注重自身才能的发挥。对这种最高层次的需要的追求可能影响到人们对其他层次需要的追求，如为了满足这一层次的需要而自愿放弃满足其他层次的需要。管理者要客观地看待员工这一层次的需要，观察每一位员工的需要情形，按照其兴趣爱好、个人能力以及抱负理想等来为其安排工作，为员工个人抱负的实现创造条件，并提供力所能及的帮助。

总之，因为人的需要本身具有复杂性与层次性，所以满足需要的方法也应是多种多样的。管理者只有以时间、地点、条件为转移，综合运用各种方法和措施，才能取得令人满意的激励效果。

（二）奥尔德弗的 ERG 理论

美国耶鲁大学教授奥尔德弗在大量实证研究的基础上将马斯洛的五种需要简化为三种需要，即生存、关系、成长理论，简称 ERG 理论。

1. 生存需要

生存（existence）需要指的是人们生存的最基本的需要，这种需要涵盖了马斯洛需要层次理论中的生理需要和物质方面的安全需要，包括了衣着、饮食、居住等物质方面的需要。人们通过劳动获得工资或物品等来满足这方面的需要。

2. 关系需要

关系（relation）需要又称交往需要，包括社交、人际关系的和谐、相互尊重。关系需要是相互关系的需要，即人们要求与他人交往，以及要求维持人际关系和谐，相当于马斯洛需要层次理论中的人际关系方面的安全需要和部分尊重的需要。在生活中，关系需要往往体现在人们希望建立和谐的个人与组织的关系、上下级关系以及实现同事之间的和谐相处上。

3.成长需要

成长（growth）需要包括自尊和自我实现的需要。奥尔德弗把成长需要独立出来，强调了个人对自身成长与发展方面的要求，指的是人们在事业、前途等方面能够得到发展的内在要求，它相当于马斯洛需要层次理论中的部分尊重需要和自我实现的需要。

相比之下，ERG理论比马斯洛的需要层次理论更切合实际，特别是"挫折－倒退"理论。该理论告诫管理者，工作中员工之所以追求低层次需要往往是因为管理者未能为员工提供满足其高层次需要的环境与条件。

当然，ERG需要理论也存在不足。该理论缺乏充分研究对其进行验证，因此，理论界和实务界至今仍在对其质疑。

（三）麦克利兰的成就需要理论

麦克利兰的成就需要理论中包括个体在工作情境中的三种重要的动机或需要。

1.成就需要

成就需要是希望做得更好，获取成功的需要。成就需要高的人具有以下几个特点。

（1）有较强的责任感。责任感是一个人对自身、对他人、对群体、对组织应尽的义务等的一种认知和情感，会直接影响人们的行为。成就需要高的人期望通过个人努力实现个人目标以及组织目标，把工作看成对组织的贡献。

（2）希望得到及时的反馈。成就需要高的人希望及时看到自己工作的绩效和评价结果，因为这是产生成就感的重要方式。

（3）倾向于选择适度的风险。过于轻松、简单的工作会使成就需要高的人感到厌倦，因为缺乏挑战性。但是，风险过大的工作又会打击他们的积极性。因此，他们倾向于选择中间状态。他们既不甘于做那些过于轻松、简单而无价值的事，也不愿意冒太大的风险做不太可能做到的事，因为失败就无法体验到成就感。成就需要高的人希望从事创造性的工作，也比较容易做出成绩。

他们通常比较注重自己专业能力的提升，看重工作业绩，而不是很关心对他人工作的影响。这就决定了成就需要高的人可能并不是很适合做管理性的工作，现实中成功的管理者往往是比较务实的人。

2. 权力需要

权力需要是影响或控制他人且不受他人控制的需要。现实中权力需要较高的人喜欢支配、影响别人，十分重视争取地位与影响力。他们也会追求出色的成绩，但他们这样做并不像成就需要高的人那样是为了个人的成就感，而是为了获得地位和权力或与自己已具有的权力和地位相匹配。

杰出的管理者往往都有较高的权力欲望，而且一个人在组织中的地位越高，他的权力需要也越高，他越希望得到更高的职位。权力需要高是管理效能高的一个条件，甚至是必要的条件。如果权力需要高的人获得权力是为了整个组织，他们就有可能成为优秀的管理者。

3. 亲和需要

亲和需要是建立友好、亲密的人际关系的需要，也被称为友谊需要。这种需要比较高的人比较看重人与人之间的关系，特别是自己被接受、被喜欢的程度。他们追求与人合作，追求与他人的友谊等。这样的人在工作中容易被他人影响，情绪容易波动，一旦接收到来自他人的消极评判，就会受到影响。优秀的管理者的这种需要相对较低，他们能够开放地与他人合作开展工作，不会过分强调良好的人际关系的重要性。

（四）赫茨伯格的双因素理论

双因素理论，即"激励保健"因素理论。赫茨伯格发现，在工作中人们感到满意和不满意的因素是不同的。

令人满意的因素往往与工作本身的特点联系紧密，并且是与取得成就、获得赏识、得到提升和发展有密切关系的因素。这类因素能够对员工产生直接的激励作用，因而称之为激励因素。

人们感到不满的因素往往与工作环境和外部因素有关。如工作的物质条件、工作保障、上下级关系，如果缺少这类因素就会引发不满，导致消极情绪。如果改进这些因素则能够消除和预防不满，但是这些因素不能直接起到激励作用，就像医疗保健对于身体健康所起的作用。

二、过程型激励理论

内容型激励理论说明了可以从哪些角度入手对员工进行激励，即激励的切入点，但是并没有描述真正的激励过程。激励是一个动态的过程，过程型激励理论就是探索从动机的产生到采取实际行动的心理活动过程。该类理论试图弄清人们对付出劳动、功效要求和奖酬价值的认识，以达到激励的目的。从整体上看，过程型激励理论更多的是从认知的角度探讨激励问题。该类理论主要包括维克托·弗鲁姆（Victor H.Vroom）的期望理论、洛克（Locke）的目标设置理论、约翰·斯塔希·亚当斯（John Stacey Adams）的公平理论等。

（一）弗鲁姆的期望理论

弗鲁姆的期望理论，别称"效价—手段—期望理论"，是北美著名心理学家和行为科学家弗鲁姆于1964年在《工作与激励》中提出来的激励理论。人总是渴求满足一定的需要并设法达到一定的目标。这个目标在尚未实现时，表现为一种期望，这时目标反过来对个人的动机又是一种激发的力量，而这个激发力量的大小取决于目标价值（效价）和期望概率（期望值）的乘积。

弗鲁姆的期望理论的观点主要表现在以下四个方面。

第一，一个人行为的决定性因素在于内外两个方面，即个人和环境，单一的哪个方面都不能完全决定人的行为。人们带着期望加入组织，其对事业、需求等期望激励着他们产生对组织有利的行为。

第二，在一个组织中，规章制度等因素限制着人们的行为，但人们仍然要对以下问题作出清醒的决定：一个是是否要去某个单位工作，另一个是完成工作时的努力程度。

第三，不同的人有着不同类型的需求和目标，人们希望从各自的工作中得到不同的成果。

第四，人们作出决定是基于自己的判断，一般来说，人们更愿意做那些他们认为自己能够得到回报的事情，而避免做那些可能出现他们不期望的后果的事情。

（二）洛克的目标设置理论

目标设置理论是强调设置目标会影响激励水平和工作绩效的理论，由美国学者洛克于 1967 年提出①。

目标设置理论认为目标本身就具有激励作用，目标能把人们的需要转变成动机，使人们朝着一定的方向努力，并把自己的行为结果与既定的目标相对照，及时进行调整和修正，从而实现目标。这种使需要转化为动机，再由动机支配行动以达成目标的过程就是目标激励。

1. 目标设置的三个标准

（1）目标的具体性。目标的具体性即目标能被个体精确观察、测量和把握的程度。目标必须明确、清晰而又具体。具体的目标比一般的、含混不清的目标更能激发人的行为动机，从而促使人们有更好的工作绩效。从效果来看，有目标比没有目标好，目标明确比目标模糊好，纸面目标比口头目标好，定量目标比定性目标好。

（2）目标的难度。目标的难度即实现目标的难易程度。目标应当是既具有挑战性又能够达到的。过高的目标会使人望而生畏，会使人认为即使能达到目标也需要付出巨大的努力，因此过高的目标不利于激励。过低的目标也不适宜，不易产生激励效果。从组织管理角度来看，过低的目标不利于充分利用人力资源；从个人角度来看，过低的目标固然比较容易完成，但是大材小用，不利于个人能力的发挥和才干的增长。同时，过低的目标没有挑战性，不能充分激发人的工作动力，容易使人失去工作乐趣，缺乏成就感，因此也不能有效提高人们的工作效率。所以，有一定难度的目标比唾手可得的目标更能激发人们的工作行为，从而使人们达到更好的工作绩效。目标的难度必须适中，过于困难、无法达到的目标会使人遭受挫折、丧失信心。在这种情况下，人们的工作绩效甚至会低于容易目标下的工作绩效。

（3）目标的可接受性。目标的可接受性即人们承诺接受目标和任务指标的程度。个人必须接受目标，目标才会对个人行为起到激励作用。影响个人接受目标的因素是多方面的，例如，提出目标的领导人的威信、个人是否参与目

---

① 洛克.人类理解论[M].关文运，译.北京：商务印书馆，1959：15.

标设置、奖励制度、竞争以及个人达到目标的信心等。

在设置目标的过程中，如果让员工参与讨论会比强迫其接受效果要好。一方面，多数人的参与会使目标的制定更为科学、合理；另一方面，参与能够提高员工对目标的认同度，容易使员工将个人目标和组织目标统一起来。

员工不接受目标的原因主要有以下两个：第一，认为目标超出了自己的能力、知识的范围，员工因为不具备相应的能力导致信心和期望值变低；第二，员工认为即使达到目标也无法获得想要的奖励。一方面，人的需要存在差异，导致效价因人而异，使所得非所需；另一方面，可能是因为关联性低，员工认为达成目标也得不到相应的奖励。

2. 目标管理的实施

目标管理是一种管理技术，是在以人为本的理念指导之下，由管理者和被管理者共同制定目标、共同实现目标的管理技术。该理论强调员工的全程参与，强调民主性和参与性，强调目标自上而下的层层分解和自下而上的层层保障。在实际管理工作中，根据目标设定理论，管理者需注意两点内容：第一，了解目标，以确立激励措施；第二，采取措施引导员工设置合理的目标。

目标管理的过程分为三个阶段。第一阶段是设置尽可能明确、具体、合理的目标。组织设定总目标，然后层层分解设置部门目标、基层目标、个体目标等，自上而下形成一个目标链条。第二阶段是通过一系列的管理方法来组织、实施、完成既定目标。目标的具体完成最后要落到每一位员工身上，要进行有效的协调。第三阶段是考评业绩。对于业绩的考评应对照既定目标，针对未实现的目标，要充分讨论并考虑实际环境，查找原因，不断改进，同时为设定新目标创造有利条件。

（三）亚当斯的公平理论

公平理论是美国心理学家亚当斯于1965年提出的，又称社会比较理论，主要探讨奖酬分配的公平性对工作人员积极性的影响。工作人员的积极性既受到绝对报酬的影响，也受到相对报酬的影响。每一位工作人员都会自觉不自觉地把自己的劳动付出和所得的报酬与社会其他人相比较，也会把自己现在的劳动付出和所获得的报酬与自己过去的劳动付出和所获得的报酬相比较。经过比较，其认为适当，就会产生一种公平感，从心理上感到满足；反之，则认为不适当，就会产生一种不公平感，心理上不平衡，从而降低工作积极性，改变工作态度。因此要设法减少或消除此种不公平感。

亚当斯提出了人们设法减少或消除不公平感的几种可能性[1]。

（1）扭曲对自己的付出或所获得报酬的知觉。

（2）扭曲对比较对象或比较群体的付出或所获得报酬的知觉。

（3）重新选择比较对象或比较群体。

（4）改变自身的付出或所获得的报酬。

（5）脱离与付酬单位的关系。

以上五种方式中的前三种方式属于心理上的调整，后两种方式明显涉及工作人员的工作行为。将公平理论运用于管理实际的直接影响是，当工作人员感受到所获得的工资偏低时，将产生对组织具有否定作用的负效应，包括减少工作投入、降低工作质量，甚至离开工作部门等。当然，在管理实际中，有时也会产生工作人员的报酬高于其付出的情况。在这种情况下，人们很少会自觉地要求减少报酬以寻求公平。由此可看出，出于自身利益的考虑，人们更加能够容忍报酬高于实际付出所带来的不公平，有时甚至会通过在感知上扭曲自身的工作投入，以解释获得相应报酬的合理性，以求得心理上的平衡。这种情况所带来的后果主要反映在通过与他人比较所产生的负效应上。

因此，公平理论在管理实际中所要解决的实质问题是如何使人们产生公平感。公平感的产生是一种知觉过程，知觉产生于社会比较，而比较中衡量的尺度是工作人员的"控制公平等式"，其中工作付出、报酬和参照人等比较因素均由工作人员自己决定。管理人员应该对工作人员所决定的比较因素保持敏感，这还涉及激励的手段问题。例如，如果工作人员认为工资是一个重要的比较因素的话，管理人员通过提供更加具有挑战性的工作便难以产生激励效果，也无法消除工作人员的不公平感；当工作人员将资历作为工作投入中的一个因素而加以比较时，管理人员完全以绩效来考虑报酬的做法也会引起工作人员的不公平感。社会比较中参照人的选择是一个十分重要的因素，某部门高级技术人员的工资较之本部门其他人的工资高若干倍，但当其将自己的工资与其他部

---

① ADAMS J S.Inequity in social exchange [M].New York：Academic Press，1965：26.

门中收入更高的同行相比时，仍然会产生不公平感。当然，要取得与其他部门同行相同的工资，有可能要求工作人员付出更多，包括工作地点、工作的稳定性等许多因素。这些因素使这位高级技术人员仍然选择继续在本部门工作。但对于管理者来说，考虑此方面因素，通过提供更高的报酬减少高级技术人员的不公平感，从而留住一流的人才，是保证部门更好发展的重要手段。

要消除工作人员的不公平感，管理人员应该做到：（1）管理人员本身不存在任何偏见；（2）对所有工作人员一视同仁；（3）适当考虑工作人员的看法；（4）对所执行的决策给予合理的解释；（5）在决策的执行过程中及时得到反馈意见。

近年来，人们对于公平理论的研究进一步涉及心理契约和激励间的关系问题。如前所述，人们通过工作满足需要，其中基本的就是通过工资报酬来满足生活的需要，通常正规的契约规定这方面内容。正规的契约很少涉及满足较高层次需要的内容，事实上，较高层次需要的满足才能使工作人员感受到最大的满足，从而最大限度地调动工作积极性。获得这种满足成为契约的重要内容。

二十世纪八十年代，西方管理学家格林伯格（Greenberg）通过研究，说明工作人员对心理契约失信的感觉。他认为，心理契约失信的感觉对工作人员的行为有较大的影响，有时甚至会使工作人员产生对抗行为。此类研究给管理人员提供了十分重要的信息，即对心理契约的失信是要付出代价的，其结果就与正式的契约失效一样[①]。

总之，管理学家从不同角度对激励理论进行了探讨，其中涉及大量心理管理方面的问题，这给管理人员提出了新的课题和更高的要求。

三、行为改造型激励理论

行为改造型激励理论研究如何改造和转化人的行为，使人朝着组织所希望的方向发展。这方面研究比较有代表性的理论有强化理论、归因理论和挫折理论等。

---

① 格林伯格.组织行为学[M].5版.王蕾，译.上海：格致出版社，2011：99.

（一）强化理论

强化理论是由美国哈佛大学心理学教授斯金纳（Skinner）提出的。"强化"是心理学术语，是指通过不断改变环境的刺激因素来增强、减弱或消除某种行为。该理论强调环境对行为的影响，认为人的行为是对外部环境刺激的反应，只要创造和改变外部的环境，行为就会随之改变①。

1.强化的类型

强化是指一种行为的肯定或否定的后果。根据强化的性质和目的可将其分为四种类型。

（1）正强化。在行为发生以后，立即用某种有吸引力结果，即物质的、精神的鼓励来肯定这种行为。在这种刺激的作用下，个体感到对其有利，从而增加以后行为反应的频率，这就是正强化。通常正强化的因素是奖酬，如表扬、赞赏、增加工资、发放奖金和奖品、被分配做有意义的工作等。

（2）负强化（逃避性学习）。这种强化方式是指预先告知某种不符合要求的行为或不良绩效可能引起的后果，允许人们按所要求的方式行事或避免不符合要求的行为，来回避一种令人不愉快的处境。如果人们能按所要求的方式行事，即可减少或消除这种令人不愉快的处境，从而使积极行为出现的可能性增加。负强化与正强化的目的是一致的，但两者采用的手段不同。

（3）自然消退（衰减），是指撤销对原来可以接受的行为的正强化，即对这种行为不予理睬，以表示对该行为的轻视或某种程度的否定。一种行为长期得不到正强化，便会逐渐消失。

（4）惩罚。当某一不合要求的行为发生以后，以某种带有强制性和威胁性的方式，如批评、降薪、降职、罚款、开除等来创造一种令人不快乃至痛苦的环境，或取消现有的令人愉快和令人满意的条件，以示对这种不合要求的行为的否定，从而达到减少或消除消极行为的目的。

2.强化的时间性

实施强化的时间对学习速度和行为改变有直接的影响。管理者在运用强

---

① SKINNER B F.The behavior of organisms：An experimental analysis [J].Journal of Experimental Psychology, 1938, 23（2）：131-144.

化手段时，不仅要考虑采用的方式，而且要考虑实施的时间。

（1）持续强化，是指对每次发生的正确行为都给予强化。这种方式对于学习某种新行为十分有效，因为每一次尝试都会带来令人愉快的结果。

（2）固定间隔，是指在某一特定时间段奖励员工。如果该员工每天的行为都是管理者提倡的，那么组织可以采取每周奖励一次的办法，通过奖励鼓励员工坚持该行为。固定间隔是非连续的强化，不是对每一次行为发生都进行强化。

（3）固定频率，是指在特定良好行为累积到一定数量后的奖励。例如，岗位作业员工每装配20组机件可获得30元酬劳。组织的按件计价奖酬体系属于这一范畴。

（4）变动间隔，是指在任意的时间对员工的行为进行强调。如临时检查卫生、抽查考试等。这些措施主要便于督促人们努力。口头表扬或临时性奖励也属此类。

（5）变动频率，是指建立在完成任意数量的正确行为基础上的强化。这种方式对行为的强化带有较大的随机性。例如，组织实行的分等综合奖等。

3. 强化理论在管理中的应用

对于管理者来说，这种理论的意义在于用改造环境（包括改变目标和完成工作任务后的奖惩）的办法来保持和发展积极行为，减少或消除消极行为，把消极行为转化为积极行为。一些组织喜欢采取强化的模式激励员工。但管理者需要针对不同组织的具体情况设计更加灵活有效的奖惩措施。

（1）要注重因人制宜的强化模式。现代组织中的员工越来越个性化了，特别是组织中知识型员工数量大量增加，使单一的激励模式越来越难以激励员工。而在跨国公司里，不同国籍员工之间的差异更加明显，采取什么样的激励模式甚至已成为组织中的核心问题。这也是管理者面对的最新挑战。

（2）要在组织中建立一些与核心系统（目标管理、绩效考评、薪酬体系）相配合的、可以灵活调整的辅助系统。例如，欧美组织中流行的"行为矫正技术"。当组织需要增加生产的数量或减少迟到的行为时，会将这些目标与具体的强化类型联系起来。这种强化效果较好。如某公司发现，其用来装运零散货物的大型货柜的使用率很低，于是该公司采取了一个自我监督的反馈和奖励体系，结果货柜的使用率由45%上升到95%，3年里节省了300万美元。

（3）要将及时反馈与及时强化紧密联系起来。所谓及时反馈，就是通过某种形式或途径，迅速将工作结果反映给行动者并针对结果给予相应的奖酬。无论结果如何，这对行为都具有强化的作用。"日事日毕、日事日清"就是遵循这一原理。

（4）注意保持连续强化的效果。强化理论表明，一种行为长期得不到强化就会逐渐消退。这就需要组织注意保持强化手段的持续性，要做到这一点，坚持制度建设是十分必要的。

（二）归因理论

归因理论是基于人的行为由人的内在的思想认识指导和推动的因果关系的理论，归因理论认为通过改变人的思想认识就可以实现改变人的行为目的。

归因是指人们对他人或自己行为原因的推论过程。归因理论就是观察者对他人的行动过程或自己的行为过程所进行的因果解释和推论。这种解释和推论归结为四个方面的因素，即努力、能力、任务难度和机遇。这四种因素又可按内外因、稳定性和可控性进一步分类：从内外因方面来看，努力和能力属于内部原因，而任务难度和机遇则属于外部原因；从稳定性来看，能力和任务难度属于稳定因素，努力与机遇则属于不稳定因素；从可控性来看，努力是可以控制的因素，而任务难度和机遇则超出个人控制范围。

如果一个人把失败归因于天生能力、智力不够等自己难以控制的内因，其在失败后再从事同样行为的概率就比较低，主要是基于能力是难以改变的认知。如果一个人把失败归因于不够努力这种可以由个体主动控制的内因，失败后其会加倍努力的可能性就比较大，因为其确信，可以通过重复类似的行为，付出更多的努力而获得成功。

如果一个人把失败归因于偶然的、不可控制的外因，例如，认为没有完成任务是因为机遇不好，其失败后一般能坚持同样行为，争取在下次获得成功，因为"天公不作美"的因素不可能每次都会出现；如果一个人把失败归因于必然的、不可控制的外因，例如，认为领导总是和自己作对，阻碍自己，其失败后就会减少可能引起失败的行为。另外，如果一个人把成功归于内部原因，会使其感到满意和自豪；归于外部原因，会使其感到幸运和感激。

总之，如果一个人把自己的失败看成必然的，个人无能为力，就会降低动机强度；反之，如果将失败看成偶然的或自己可以主动控制的，就可能保持甚至提高动机强度，以获取成功。

归因理论给管理者的启示是，当员工在工作中遭受失败后，应帮助其寻找原因（归因），引导其继续保持努力行为，争取下一次行为的成功。心理学介绍的许多归因训练方法应在管理中积极推广，如团体发展法、强化矫正法和观察学习法等。这对进一步激发组织员工的积极性、提高组织绩效有很好的效果。

（三）挫折理论

挫折理论是建立在将外部环境刺激与内部认识改变相结合，达到改变人的行为目的的基础上的。挫折理论主要研究人们遇到挫折后的行为反应，以及管理者应如何针对员工遇到的挫折采取相应的措施，引导员工行为，实现组织目标。

1.什么是挫折

心理学上将挫折解释为人在实现目标的过程中遇到自感无法克服的阻碍、干扰，而产生的焦虑、紧张、愤懑、沮丧或失意的情绪性心理状态。

挫折是人的一种主观感受，有别于实际上的行动挫折。人们在行为活动中，在客观上经常会遭受挫折，并不是一遇到了挫折，人们就会产生挫折感。而且面对同一挫折，不同人的感觉也不相同。有的人遇到了困难，反而可能会激起其更大的决心，要全力以赴把这一问题处理好，而有的人则感到沮丧、失望乃至丧失信心。

挫折的产生有主观、客观两方面的原因。主观原因在于人的知识、经验、能力、智商等方面，客观原因在于活动对象、环境条件的复杂、困难程度等方面。在行为活动遇到挫折时，人们基于各种因素会产生不同的反应。如对行为挫折的情境的主观判断、对遭受挫折目标的重要性的判断、对挫折的忍受力等，都会影响人们遭受挫折后的心理反应。

2.挫折的行为反应

心理挫折是人的内心活动，它是通过人的行为表现和摆脱挫折困扰的方式反映出来的。

（1）攻击。在人遭受挫折时，生气、愤怒是常见的心理状态。这在行动上可能表现为攻击。例如，语言过火、激烈，情绪冲动，易发脾气，并伴有挑衅、煽动的行为。攻击是人在产生心理挫折感时可能出现的行为，攻击的程度因人而异。此外，受挫目标的期望程度、动机范围等因素都可能影响人的攻击性。

（2）倒退。这是指人在遭受挫折后，可能发生的幼稚的、儿童化的行为，如像孩子一样哭闹、暴怒、发脾气等，目的是威胁对方或唤起别人的同情。

（3）畏缩。这是指人在受挫后产生的失去自信、消极悲观、孤僻离群、盲目顺从、易受暗示等行为。这时其敏感性、判断力都相应降低。

（4）固执。这是指顽固地坚持某种不合理的意见或态度，盲目地重复某种无效的动作，不能像在正常情况下那样正确合理地作出判断，表现为心胸狭窄、意志薄弱、性格孤僻。这会直接影响人们对具体事物的判断分析，导致行动失误。

此外，不安、冷漠等都是心理挫折的表现。

3. 摆脱挫折困扰的心理防卫机制

出现挫折时的情绪状态是人的应激状态，人人都会自觉地采取措施来消除心理挫折，摆脱困扰。比较常见的心理防卫机制有以下几个。

（1）理喻作用。这是指人在受挫时，通过寻找理由和事实来解释或减轻焦虑、困扰的方式。如员工没有完成销售任务，会拿今年指标太高的理由来安慰自己。理喻作用有积极与消极之分，不合逻辑的"自我理喻"被称为"文饰"，即寻找不符合客观实际的理由推卸个人的责任，其作用是消极的。

（2）替代作用。这是指调整目标来取代遭受挫折目标，主要采取升华、补偿、抵消等形式。消极意义的替代是将自己的不当行为转嫁到别人身上，以减轻自己的不安。

（3）转移作用。这是指将注意的中心转移到受挫事件之外的事情中，以减轻和消除心理困扰。消极的转移称为逃避，例如，有些人现在失意，却大谈自己过去的辉煌，这便是逃避。

（4）压抑作用。这是指有意控制自己的挫折感，不在行动上表露出来。

通常所讲的临危不乱、具有大将风度，就是压抑作用的结果。

4.挫折理论对管理的启示

在管理活动中，员工出现挫折感是经常的事情，除了个人心理问题外，在很大程度上与组织中的其他要素相关。如个人目标的适宜性、员工自身能力的因素、员工工作难易程度、个人价值观念与组织目标的矛盾等，都会导致员工产生挫折感。员工行为受挫后所产生的防卫行为，其效果可能是积极的、建设性的，也可能是消极的、破坏性的，对组织发展有一定影响。

组织管理者要充分利用挫折的积极一面，即引导员工在挫折中振奋起来，使员工变得更聪明；利用挫折，认识错误，接受教训；利用挫折激励员工的意志，使之更加成熟、坚强，从逆境中奋起。之所以把挫折理论归到激励范畴，是因为成功与挫折是个体行为的两种可能的结果。目标达成，要积极引导以保持激励的效果；遭受挫折，更应保护员工的积极性，使员工不产生消极和对抗行为。

此外，优秀的管理者还要努力做好员工的心理辅导工作，从而增加员工积极的建设性行为，消除员工消极的破坏性行为。及时了解、排除形成挫折的根源，提高员工的挫折忍受力，可采用"精神发泄"疗法等。

第三节　实践：积极的个体与群体心理管理

本节探讨积极心理学在个体和群体心理管理方面的实践应用。积极心理学强调个体和群体的心理健康和积极发展，旨在提高个体和群体的幸福感、满意度和生活质量。通过积极的心理管理实践，个体和群体可以更好地应对压力、增强自我效能感，并建立积极的人际关系，从而在个人和社会层面取得更好的成果。

一、积极的个体心理管理

个体心理管理是指个人在日常生活中通过自我调节和发展来提高心理健康水平和感知幸福的能力。以下是一些积极心理管理在个体层面的实践方法。

（1）培养积极的情绪。积极情绪对个体的心理健康至关重要。个体可以通过认识和调节自己的情绪来提高心理幸福感。积极心理管理的实践包括培养乐观态度、积极应对压力和困难，以及寻找提升快乐和满足感的途径。

（2）增强自我意识和自我接纳。个体需要了解自己的需求、价值观和优势，并接纳自己的不完美之处。积极心理管理的实践包括培养自尊和自信、发展自我认知和自我调节的能力，以及通过积极的自我对话来促进个人成长。

（3）设定目标和追求意义。个体需要设定积极的目标，并为实现这些目标找到意义和动力。积极心理管理的实践包括设定明确的目标，培养自我动机和意愿，并将个人努力与个人价值联系起来。

（4）实施积极的自我关怀。个体在心理管理中也需要关注自己的身心健康。积极心理管理的实践包括实施积极的自我关怀，如通过良好的睡眠、均衡的饮食、适度的运动和放松技巧来维护身体健康。此外，个体还可以通过培养积极的兴趣爱好、寻找放松和享受的方式来提高自己的心理幸福感。

（5）寻求支持和建立支持网络。个体可以积极寻求他人的支持和建立积极的支持网络。积极心理管理的实践包括与他人进行积极的互动和交流，分享自己的情绪和困扰，并从他人的支持和理解中获得帮助和鼓励。此外，个体还可以寻求专业心理咨询师的支持，借助他们的专业知识来处理自身遇到的心理问题和提升自身心理健康水平。

二、积极的群体心理管理

群体心理管理是指通过组织和团队层面的实践来促进群体成员心理健康和发展。以下是一些积极心理管理在群体层面的实践方法。

（一）建立积极的团队文化

积极心理管理的实践需要建立积极、支持和合作的团队文化。团队成员可以通过积极的沟通、分享和互助来增强彼此之间的联系和信任，营造积极的工作氛围。以下是其中几个重要的方面。

（1）积极的沟通。建立积极的团队文化需要建立开放、透明、有效的沟通渠道。应该鼓励团队成员之间积极沟通，倾听他人的观点和意见，并给予积极的反馈。积极的沟通有助于相互理解和信任，减少误解和冲突，促进团队成员之间的合作和协调。

（2）分享和互助。建立积极的团队文化需要鼓励团队成员之间分享和互助。团队成员可以分享自己的知识、经验和资源，为他人提供帮助和支持。通过分享和互助，团队成员可以共同成长，取得更好的结果。此外，团队成员之间的互助行为还能够增强团队凝聚力和提升团队信任度。

（3）建立共同的目标。建立积极的团队文化需要建立共同的目标。团队成员应该共同确定团队的目标，并在目标的意义和重要性上达成共识。共同的目标能够激发团队成员的动力，促进团队成员的合作。通过明确目标，团队成员能够更好地协调行动，充分发挥个人的优势。

（4）鼓励创新和承担责任。建立积极的团队文化需要鼓励团队成员创新和主动承担责任。应该鼓励团队成员提出新的想法和新的解决问题的方法，并愿意承担相应的责任和风险。建立积极的团队文化能够激发团队成员的创造力能提高其积极性，鼓励团队成员主动参与团队的工作和决策过程。

（二）提供积极的反馈和奖励

提供积极的反馈和奖励是群体心理管理中的重要实践方法。积极的反馈和奖励能够增强团队成员的自我效能感和工作动机，促进团队成员积极表现和个人成长。以下对该实践方法进一步阐述。

（1）积极的反馈和奖励的重要性。积极的反馈是指对团队成员的优秀表现、进步和贡献给予肯定和赞扬。通过积极的反馈，团队成员能够感受到他们的工作得到了认可和重视，这会增强他们的自信心和自我效能感。积极的反馈和奖励能够激发团队成员的积极情绪，提高他们的工作满意度和工作投入程度。

（2）认可的方式。在提供积极的反馈时，团队领导者可以采用多种方式来表达认可和赞赏。其中包括口头表扬、写下鼓励的便条、组织小型庆祝活动等。这些方式能够传递出领导者对团队成员的重视和关心，同时也会激励其他成员争取更好的表现。此外，团队领导者还可以为表现优秀的团队成员提供更多的机会和挑战，以进一步促进他们的个人成长。

（3）激励的效果。积极的反馈和奖励对于团队成员的工作动机和绩效有着积极的影响。积极的反馈能够增强团队成员的自我效能感，促使他们更积极主动地参与工作，提高工作绩效。此外，适时的奖励和认可还能够增强团队成员对组织的归属感和忠诚度，促进团队成员的长期发展。

（4）反馈和奖励的有效性。为了确保反馈和奖励的有效性，团队领导者需要关注以下几个方面。首先，反馈应该具体、明确，并针对团队成员的实际表现。这样可以帮助团队成员更好地了解自己的优点和改进的方向。其次，反馈和奖励应该及时给予，这样可以在团队成员的记忆中留下积极的印象，并促使其及时纠正可能的错误。最后，反馈和奖励应该平衡。关注团队成员并为其提供积极的反馈和奖励是群体心理管理中重要的实践方法。积极心理学强调，积极的心理支援和激励对个体和群体的发展至关重要。通过提供积极的反馈和奖励，可以增强团队成员的自我效能感和工作动机，从而促进个体和群体积极心理的发展。

（三）增强团队合作和凝聚力

增强团队合作和凝聚力是积极心理管理的重要实践方法。团队成员之间的合作和凝聚力对于团队成员的积极心理健康和发展具有重要影响。以下对增强团队合作和凝聚力进一步阐述。

（1）培养团队合作精神。积极心理管理的实践需要培养团队成员之间的合作精神。这包括鼓励团队成员分享资源、知识和经验，以及互相支持和帮助。团队领导者可以通过组织团队合作的活动、设立共同的目标和激发团队成员的集体意识来促进团队合作精神的培养。合作精神的培养能够提高团队成员的工作效率和效果，增强团队的凝聚力和团队成员的成就感。

（2）建立有效的沟通渠道。积极心理管理的实践需要建立有效的沟通渠道，使团队成员之间可以进行及时、准确、明确的信息交流。有效的沟通可以促进团队成员之间的相互理解和协调，减少误解和冲突。团队领导者应该营造开放、透明、正面的沟通氛围，鼓励团队成员发表观点和意见，并及时提供反馈。有效的沟通能够增强团队成员之间的信任和合作，推动团队成员的发展和成长。

（3）建立解决冲突的机制。在团队中，冲突是难以避免的。积极心理管理的实践需要建立解决冲突的机制，使团队成员能够积极、有效地处理冲突。

团队领导者可以提供冲突解决的培训和指导，帮助团队成员掌握有效的沟通和协商技巧。此外，团队成员之间也尽量以合作的方式解决冲突，以促进团队的和谐和增强团队的凝聚力。

（4）相互支持和信任。积极心理管理的实践需要建立团队成员之间的相互支持和信任。团队成员之间可以通过分享资源、给予帮助和鼓励来表达对彼此的支持。团队领导者应该鼓励团队成员之间建立积极的关系，为团队提供支持和激励。相互支持和信任能够增强团队成员之间的凝聚力和归属感，提升团队的整体效能。

总之，积极心理学的个体和群体心理管理实践旨在提高个体和群体的幸福感、满意度和生活质量。个体可以通过培养积极的情绪、增强自我意识和自我接纳、设定目标和追求意义、实施积极的自我关怀、寻求支持和建立支持网络来提高自身心理健康水平。在群体层面，积极心理管理的实践包括建立积极的团队文化、提供积极的反馈和奖励，以及增强团队合作和凝聚力。这些实践方法可以帮助个体和群体更好地应对挑战，提高自我效能感，建立积极的人际关系，并最终实现个体和群体的积极心理发展。

通过积极心理管理的实践，个体和群体能够在生活和工作中获得更多的满足感、幸福感和成功感，从而促进整个社会的积极发展和进步。

第四章　社会生活视角下的积极心理

第一节　概述：压力与生活方式

一、行动与压力

这是一个竞争的社会，无论在竞争中获得成功还是遭受失败，一个人都必须面临各种竞争压力的考验。在现实生活中，有许多事在顺利的情况下往往做得很糟糕，反而在受挫折后，又能做得很完美。压力能使人产生奇异的力量，人们最出色的工作常常是在处于逆境的情况下完成的。思想上的压力，甚至肉体上的痛苦都可能成为行动的驱动力。压力对个人而言是一把双刃剑，有些人在压力的作用下迸发出巨大的潜能，而有些人在压力的重压下精神崩溃。

（一）关于压力

压力的定义分为物理与心理两个领域。物理定义具有客观属性，是指垂直作用于流体或固体界面单位面积上的力；而从心理学角度看，压力是心理压力源和心理压力反应共同构成的一种认知和行为体验过程。

心理压力是个体在生活适应过程中的一种身心紧张状态，源于环境要求与自身应对能力的不平衡。这种紧张状态倾向于通过非特异的心理和生理反应表现出来。

1.心理压力产生的原因

心理压力产生的原因是复杂的，每一个人的压力都有所不同。但总体来说，引起压力的原因可以归为四类：生活事件、挫折、心理冲突和不合理的认知。

（1）生活事件。心理压力是人类生活中一种必然的存在，各种各样的生活事件都能引起不同程度的心理压力。从大的方面说，战争、地震、水灾、火灾等，都会给人们带来沉重的心理压力和负担；从小的方面讲，一次考试或考核、自己生病或亲友生病，也会给人们正常的生活带来意外的冲击和干扰，会成为人们心理压力的来源。此外，家庭、工作与环境状况之间的关系，所从事工作的性质等，也是造成心理压力的原因。

（2）挫折。当遭到失败时，人的内心会产生一种消极的情感体验，被称为挫折感。外在的挫折经验和内心的挫折情感体验，是导致心理压力产生的另一个非常重要的原因。

世界是复杂的，每个人所经受的挫折也是多种多样的。有的人是因为无法拥有自己认为重要的东西，有的人是因为失去了自己认为很重要的东西，还有的人是因为自己的需要受到外在因素的阻碍而无法得到满足。种种挫折都给人们造成了心理压力。

心理学研究表明，一个人对成功与失败的体验，包括对挫折的体验，不仅依赖某种客观的标准，而且更多地依赖个体内在的欲求水准。任何远离这一欲求水准的活动，都不能让人产生成功或者失败的体验。

（3）心理冲突。人们生活在充满矛盾的世界里，因此，随时都会面对各种各样的、互不相容的事物。心理作为现实的反映，便把它们引入人们的脑海，在人们内部世界形成动机冲突、目的冲突，以致人们形成了左右为难、无所适从、无法选择的心态。当一个人处于此种境遇时，便会体验到苦恼和焦躁不安。这时，人们说他正体验着压力。现实生活中有多种相互排斥的事物，接触这些事物的人便能体验到多种内心冲突。

（4）不合理的认知。心理压力大多源于人们所拥有的不合理的认知。不合理认知有三个特征：绝对化要求、过分概括化和糟糕至极。

①绝对化要求。这一特征在各种不合理认知中是最常见的。对事物的绝对化要求是指人们以自己的意愿为出发点，认为某一事物必定会发生或不会发生。这种认知通常与"必须如何""应该如何"这类字眼联系在一起。如"我必须获得成功""别人必须很好地对待我""生活应该是很容易的"等。怀有如此绝对化信念的人极易陷入情绪困扰，因为客观事物的发生和发展都是具有一定规律的，不可能按某一个人的意志运转。对于某个具体的人来说，他不可能在每一件事上都获得成功，而对于个体来说，他周围的人和事的发生和发展也不会以他的意志为转移。当某些事的发生与他们的绝对化要求相悖时，他们就会感到难以接受、难以适应并陷入情绪困扰。

②过分概括化。这是一种以偏概全、以一概十的不合理思维方式。一方

面，过分概括化表现在人们对自身的不合理评价上。一些人面对失败或是极坏的结果时，往往会认为自己"一无是处""一钱不值"等。以自己做的某一件或几件事的结果来评价自己整个人，评价自己作为人的价值，其结果常常会导致自责自罪、自卑自弃心理的产生以及焦虑和抑郁情绪的形成。另一方面，过分概括化表现在对他人的不合理评价上，别人稍有差池就认为他很坏，一无是处，这会导致一味地责备他人，进而产生敌意和愤怒等情绪。

③糟糕至极。如果发生了一件不好的事情，那将是非常可怕的、非常糟糕的，是一场灾难。这种想法会导致个体陷入极端不良的情绪体验（如耻辱、自责自罪、焦虑、悲观、抑郁）的恶性循环之中而难以自拔。当一个人觉得一件事情糟糕透了的时候，往往意味着对他来说这是最坏的事情，是一种灭顶之灾。这是一种不合理的信念，因为对任何一件事情来说，都可能有比它更坏的情形发生，没有任何一件事情可以被定义为百分之百糟透了。假如一个人沿着这条思路想下去，他就自己把自己引向不良情绪之中了。糟糕至极的不合理信念常常是与人们对自己、对他人及对自己周围环境的绝对化要求相联系的，当人们绝对化要求中的"必须"和"应该"的事物并未如他们所愿发生时，他们就会感到无法忍受，他们的想法就会走向极端，他们就会认为事情已经糟到极点了。

2.心理压力的基本类型

心理压力按活动形式可以分为以下三种。

（1）学业压力。学业压力是心理压力的一种，源自社会、家庭、外界和自我对学业成绩目标的追求。当现实成绩与期望目标差距大时，学业压力也大。

面对学业压力，学生有不同的生理及心理反应。在生活上表现如下：食量大增或食欲不振；睡眠质量较差，经常失眠；经常感到不舒服，容易生病，有时还会出现恶心、呕吐等生理反应；已经有较长时间没参加喜爱的休闲活动；等等。在情绪上表现如下：容易沮丧低落，经常显得不耐烦，暴躁、易怒；说话冷言冷语，对自己、他人的评价以及对事情的描述都有消极倾向；和家长关系紧张，对父母有抵触情绪或经常与父母发生冲突；等等。在学业上会表现为敷衍、厌烦监督、抱怨、对自己的学业过分苛责、对自己没信心等。在考试时会表现为焦虑不安、考前失眠等。

（2）工作压力。工作压力亦称"职业应激"，是由工作或与工作直接有关的因素所造成的应激，例如：工作负担过重、变换工作岗位、时间压力、工作责任过大或改变、机器对人要求过高、工作时间不规律、工作速度由机器确定、上班距离过远、工作的自然和社会环境不良等。

工作压力的弊端：①对工作不满意，产生厌倦感，无责任心，并导致工作效率降低、缺勤率高、失误增多；②失眠、疲劳、情绪激动、焦躁不安、多疑、孤独、对外界事物兴趣减退等，并会导致高血压、冠心病、消化道溃疡等疾病；③可导致危害行为，如吸烟、酗酒、滥用药物以及迁怒于家庭成员等。

工作压力过大的警告信号：①性情的改变，如原本话多的人话变少了，性格开朗的变沉默了，热情的变得冷淡了，显得心事重重，情绪低沉，离群索居；②情绪的变化，如开口讲话却容易伤感，或者容易激动、发怒、冲动，做事轻率；③工作时的状态变化如注意力不集中，效率低，畏难，工作质量差；④生活规律的改变，如失眠，疲惫，有的人对烟酒的消耗量比平常多了。

（3）人际压力。人际压力是由于人际交往或人际关系产生的一种痛苦的情绪体验。人际压力按来源可以分为人际冲突挫折压力、人际约束压力、人际比较压力、人际期望压力和人际适应压力。处于人际压力中的个人不仅会明显妨碍他和别人之间的关系，使他不愿与别人交往或使别人不愿意与他交往，而且会明显妨碍他与现实环境的接触，使他不容易认识周围环境或远离现实环境。

（二）压力的自我调适

1.学业压力的自我调适

（1）调整认知的方法。压力是大还是小，看人怎样看待它。如丧失了部分钱财或是丢失了工作，这时如果认为这是一个莫大的损失，以至于没有前途了，那么压力会越来越大，不堪重负；相反，这时如果想到这并不是世界末日，而是得到了重整旗鼓的机会，或是获得了调整工作的机会，那就轻松多了。因此，在压力巨大、倍感焦虑的时候，把面前的事件看作长远奋斗中的一次锻炼提高的机会，而不是利益攸关、决定最终胜败的决战，压力会减轻一大半，甚至还会变成动力。

在遇到压力时深呼吸，命令自己选择理性，而不是任由焦虑情绪蔓延。这时不妨要求自己接受它，看看最坏结果能怎样。有所冷静后，可以向自己提出以下四个问题：

①这事对我真的像担心的那样重要吗？

②考虑到事实情况，我的想法和感受合理吗？

③这一情况是不是可以改变呢？

④采取行动值得吗？

然后，不要再患得患失、瞻前顾后，要放松地想办法，尽力而为。

（2）调整行为的方法。

①认真思考，建立合理的目标——经过努力可实现的目标。不切实际的目标，会使自己疲于奔命。对别人也要善于说"不"，不敢拒绝别人、关心他人达到难以承受的程度都会使人不堪重负。

②做自己能做的、有意义的事情。其实要轻松自在很简单，从造成压力的角度来看，只有"三类事"要区别对待好：打理好"自己的事"，不去管"别人的事"，不操心"老天爷的事"。

③选择所爱的、爱所选择的事情。有兴趣的事情，做起来压力会小得多。

④改变自己过分追求完美的性格或方式，形成"够用即好"的理念。

⑤把事情变简单，把握实质，采用"择重办事法"，即抓主要矛盾，而不要眉毛胡子一把抓。

（3）调整时间的方法。

①重视、思考、抓紧并区别对待面前所要干的事。

②编制时间表、备忘录，不要被截止日推着干。

③拒绝拖延，说干就干，不要总担心干不好而穷思竭虑。

④留有休息时间。劳逸结合效率高，而且能缓解压力。

⑤放慢节奏。慢节奏是休养生息、品味生活、放松度日和感受幸福的方式。

（4）学会放松的方法。

①向亲朋好友倾诉。倾诉可以宣泄不良情绪，交流会感到被关心，也会获得放松。这是至关重要的渠道。

②参加运动。运动可以让身体产生内啡肽，能愉悦神经。内啡肽是身体的一种激素，被称作"快乐因子"。内啡肽让人感觉到高兴和满足，甚至可以把压力和不愉快都带走。所以运动是一个很好的缓解压力，让人保持良性的、平和的心态的方法。

③休闲旅游。别忽略了身边的美好。人们身边有许多宝贵的、美好的资源：蓝天白云，草坪树荫，红花绿叶。人们总想争分夺秒，对身边美景无心相顾，忘记了有意地抬起头、放放眼、凝凝神，忽视了这些随手可得、营养心理、放松情绪的优质资源。放松一下自己，看看山，望望远，抱抱树，让自己更轻松地生活。

④开怀大笑。当人大笑时，其心肺、脊背和身躯都得到了快速锻炼，胳膊和腿部肌肉都受到了刺激。大笑之后，血压、心率和肌肉张力都会降低，从而使人感到放松。

⑤放松训练。如深呼吸、身心放松训练、自我催眠等。可以根据这些方法举一反三，从中选择适合自己的方法。而且放松训练重在练习，形成新的习惯。如果放松训练变成自己的生活和工作方式，那么，压力就会大大减小，甚至变成动力。

2. 工作压力的自我调适

（1）量力而行。对事业心重的人来讲，他们总是对自己有过高的要求。标准定得越高，自己的压力就越大，这种标准往往就像一座大山似的压得人透不过气，结果反而适得其反。如此情形，就要懂得量力而为，根据自己的能力，能做到什么程度就做到什么程度。不要高估自己的能力，也不要低估自己的能力，这样才能做到压力的均衡化。

（2）讲究方法。做事要分轻重缓急，不要什么事情都一把抓，毕竟人的精力是有限的。正确客观地评价工作的重要性，找到合理的工作方法，这样才能信心满满，心情愉悦地工作。

（3）忙里偷闲。学会科学、合理地安排时间，忙而不乱，该休息的时候就休息，要相信适当休息也能将事情做好。

（4）规律生活。规律的生活能使人保持乐观的心态。休息日陪家人，享受生活的乐趣，可以缓解心理压力。

（5）情绪宣泄。情绪积累到一定程度，一定要注意及时进行宣泄。宣泄的方式可以是健身、远足，也可以是找自己感兴趣的事情来做。这样积极进行心理调适，才能保持心情舒畅。

3. 人际压力的自我调适

（1）勇于表达自己。在待人接物的过程中，敢于表达自己和满足自己的需要不仅会让自己感到舒服，而且不会损害他人利益。假如人们不做出维护自己利益的行动，为了满足他人的要求而否定或牺牲自己的需要，可能导致自身压力过大，而这一结果是他人并不知晓的。

要表达自己的感受，语言和非语言的表达技巧一样重要。

①语言的表达技巧：清楚地描述要面对的人或事；说出自己的感受，清楚地指出需要做出哪些相应的改变及改变可能带来的结果或影响。

②非语言的表达技巧：站直身体，面向交谈的对象，保持眼神接触；说话要清晰、流畅、肯定、有自信。

（2）善于沟通。良好的沟通技巧可以帮助人们保持良好的人际关系，从而减少压力。要改善沟通技巧，就要重视语言及非语言上的沟通。

语言上的沟通要旨：①合理安排好与人沟通的时间，让自己有足够的时间进行有意义的交流；②聆听并思考别人的想法和感受，了解别人的处境；③以双方的共识为开始，以便于沟通的顺利进行；④清楚表达自己的思想和感受，不要以为别人能估计或猜测到每个人所思所感；⑤避免用"我""为什么"和"但是"这样的字眼说话。"我"会给别人一种以自我为中心、忽视别人的感觉；"为什么"则使别人感到要被迫做出某种解释；"但是"会使人感到要推翻之前所说的话，只重视之后的话。

非语言上的沟通要旨：一是符合社会角色的规范；二是顺应交往的情境；三是注意保持适当的人际距离。

（3）调解纠纷。每个人都有不同的背景、观点和视角，所以人与人之间很容易产生纠纷。如果能够及时有效地调解纠纷，人际关系便能得以改善，从而减少所要面对的人际压力。调解纠纷的基本原则：及时、客观和协商。其基本要旨：①冷静、诚恳、合作；②对事不对人；③聆听并思考别人的想法和感受，了解别人的处境；④辨别别人的真实感受。

（4）建立社交支援网络。建立社交支援网络的作用在于，有能力的人提供帮助，可以减轻被助者心理上的负担。即通过别人的帮助分担困难，获得经济上、物质上、人力上的支持和指导，以减少压力带来的负面影响。要建立一个社交支援网络，就要掌握解决问题的技巧，对自己有信心，开放自己，关爱他人，而不离群独处。人们常常害怕被拒绝，甚至害怕别人不能关爱、亲近自己。要建立社交支援网络，就必须摒弃害怕情绪，增强处理压力的能力。

（5）培养幽默感。凡事都有正负两面，但一些人忘记了是可以选择从哪一个角度看待事物的，过于纠结负面的观点时，压力便会随之而生。幽默感能够有效地冲淡严肃或尴尬的气氛，松弛紧张的情绪，减少压力所造成的负面影响。

（6）做好时间管理。时间就是生命，管理时间，就是掌握生命。一天只有 24 个小时，有人常抱怨时间不够用，有人则抱怨时间难以打发。管理不好自己的时间，就会被时间牵着鼻子走，从而陷入混乱而倍感压力。时间管理的基本方法有以下几种。

①计划好要做的事。明确什么事需要花时间去做，什么事会浪费时间。

②建立目标。建立长期及短期目标，使自己有一套清晰的计划，从而善用每个机会达到目标。

③优先抉择。将要做的事情按重要程度排列好。如 A 事情一定要做；B 事情想去做，也需要去做；C 事情想去做，但要等 A 事情和 B 事情做完了才去做。

④设计时间表。当每件事都按重要程度排好后，就要编制每天或每星期的时间表。

⑤学会说"不"。若要避免工作过量，应学会说"不"。

⑥寻求帮助或分派工作。如时间紧迫，工作量又大，就要请别人帮助或分担工作。

⑦减少打扰。尽量按时间表做事情。

二、行动与生活方式

行动与具体事物相联系可表现为工作、学习、交友、旅游和健身等，如果这些具体行动是由某一个人所表现出来的，那这就是生活方式。生活方式存在于行动之中，它是个人在社会生活中所表现出来的一系列行动。生活方式就是个人自身的实现形式，"个人怎样表现自己的生活，他们自己也就怎样"。因此，个人行动的积极情况，从生活方式的视角把握更合理。

（一）关于生活方式的研究

生活方式原属日常用语。十九世纪中叶以来，其开始作为科学概念出现在学术著作中。二十世纪五十年代末以来，生活方式成为各国学者关注的对象。二十世纪五六十年代，西方学者主要针对西方社会中人们急剧变化的价值观念和各种人生理想冲突的现实，试图通过对生活方式的选择问题的研究寻求解决各种价值冲突的方法。二十世纪七十年代以来，西方学者主要关注的课题是新技术革命将给人们的生活方式带来哪些变化，如何建立一种"平衡的"生活方式。同一时期，苏联等国家的社会学家对生活方式做了大量的、系统的研究，涉及生活方式理论体系建构本身，并对各领域、各阶级、各阶层的生活方式，城市和农村的生活方式，生活方式对培养社会主义新人的意义，生活方式在社会经济发展中的作用，生活方式指标体系的建立，乃至构建生活方式社会学等问题，做了大量的经验研究和理论探索。

（二）生活方式的构成要素

生活方式是生活主体同一定的社会条件相互作用而形成的活动形式和行为特征的复杂有机体，构成要素分为生活方式条件、生活方式主体和生活方式形式。

1.生活方式条件

在人类历史的每个时代，一定社会的生产方式都决定该社会生活方式的本质特征。在生产方式的统一结构中，生产力发展水平对生活方式不但具有决定性的影响，而且往往对某一生活方式的特定形式产生直接影响。当代科学技术的进步和生产力的迅猛发展，成为推动人类生活方式变革的巨大力量。一定社会的生产关系以及由此而产生的社会制度，则决定着该社会占统治地位的生活方式。当代世界上存在资本主义和社会主义两种社会制度，与此相对应，也存在着两种类型的社会生活方式。社会主义生活方式价值目标的提出，是人类社会进步的重要标志之一。

不同的地理环境、文化传统、政治法律、思想意识、社会心理等多种因素也从不同方面影响着生活方式的具体特征。如居住在不同气候、地貌等地理环境中的居民，其生活方式就具有不同的特点；一个民族在长期发展中所形成的独特的文化背景，又使其生活方式呈现出丰富多彩的民族特色。对某一社会中不同的群体和个人来说，影响生活方式形成的因素有宏观社会环境，也有直接生活于其中的微观社会环境。人们的具体劳动条件、经济收入、消费水平、家庭结构、人际关系、受教育程度、闲暇时间占有量、住宅和社会服务等条件的差别，使同一社会中不同的阶级、阶层、职业群体以及个人的生活方式形成明显的差异性。

2.生活方式主体

生活方式的主体分个人、群体（从民族等大型群体到家庭等小型群体）、社会三个层面。任何个人、群体和全体社会成员的生活方式都是作为有意识的生活方式主体的人的活动方式。人的活动具有能动性、创造性的特点，在相同的社会条件下，不同的主体会形成全然不同的生活方式。在生活方式的主体结构中，一定的世界观、人生观、价值观对人们的生活方式起着根本性的调节作用，规定着一个人生活方式的选择方向；社会风气、时尚、传统、习惯等社会心理因素也对生活方式具有很强的导向作用，成为影响生活方式的深层力量。个人的心理与生理因素以特有的方式调节着人们的生活方式和行为特点。生活方式的主体在生活方式构成要素中居于核心地位。特别是在现代社会，个人的价值选择在生活方式形成中的规范和调节作用日益增强，现代人的生活方式具有明显的主体性。

3.生活方式形式

生活方式条件和生活方式主体的相互作用，外显为一定的生活方式状态、模式及样式，使生活方式具有可见性和固定性。不同的职业特征、人口特征等主客观因素所形成的特有的生活模式，通过一定典型的、稳定的生活方式形式表现出来。因此生活方式往往成为划分阶级、阶层和其他社会群体的一个重要标志。

（三）要素式生活方式

积极主动的生活方式在本质上是一种要素式生活方式，这种生活方式具有以下特点。

1.行动自由

一是指个体在行动过程中能够完全自主地从事自觉的、自身认为有意义的活动的状态。一些人只是一味地赶时髦或追求时尚，他们并不清楚奢侈品究竟意味着什么，也不知道这些是否真的对自己的生活有意义，也有一些人盲目效仿他人的行为而丧失自我意识或发展优势。

二是拥有做自己想做、能做的事的能力和权利。有些人轻率地按照社会或他人的倡导和要求行动，却并不清楚自己是否有能力、有权利去做，结果不是好心做了错事，就是没帮助到别人或误了别人的事。一方面，现代社会分工导致个人的发展很片面，致使每个人的做事能力仅限于某个专业领域，所以人们实际需要的帮助一般是专业性的；另一方面，职业化社会赋予个人不同的行动权利，即便有能力而没有权利也不能去做。

三是个体可以摆脱来自外界的束缚，对于生活的整个过程有着支配和决定权，可以从自身的需要出发，控制自身的行动。

2.时间自由

所谓自由时间是个人所能完全自由支配的时间。金钱对个人的意义或作用就是能够换来个人可以充分、自由支配的时间。这种时间不用于生产劳动，主要用于娱乐、休息、创造和满足个人精神文化需要。人的发展的基础是自由时间的增加，一个国家富有的标志是劳动时间的不断减少和自由时间的逐渐增多。

3.发展自由

在现代社会生活中，个人发展存在差异主要原因不是智力存在差异，而是时间存在差异。这是因为许多人被迫按照社会特定的格式学习和训练，从而失去了发展自身优势潜能所必需的时间。然而拥有了自由时间，并不必然导致个人的自由发展。自由发展的本质就是实现个人的社会价值，实现社会价值的个人就能成为高度自由的人，也只有这样的人才是一个自我实现或心理健康的人。而任何个人的社会价值的实现是一个渐进的历程，即由自由行动到获得自由时间再到自由发展。

综上所述，要素式生活方式的核心就是自由，工作只是个人生活的一部分，且所占用的时间将越来越少（这取决于个人驾驭工作的能力）。休闲将取代工作成为个人生活的重心，生活方式的构成要素趋于多元化、丰富化，从而为个人全面自由的发展提供了时间和空间上的必备条件。

第二节　行动：积极情绪与积极应对

积极心理学的研究表明，增进个体的积极体验是发展个体积极人格、积极力量和积极品质的一条有效途径。当个体有了更多的积极体验之后，就会对自己提出更高的要求，这种要求来自个体自身的内部，所以更容易形成某种人格特征。从目前积极心理学的研究来看，无论是感官愉悦还是心理享受，都对个体的人格及社会性行为的形成有着重要的影响。

一、积极情绪的扩建功能

传统的一般性情绪理论都有一个共同点：它们把所有的各种特征的情绪状态混为一谈，忽视了积极情绪的特殊功能。这使得这种一般性情绪理论并不能为人类获得自己应有的幸福而提供多少帮助。

每一种情绪都有自己相对应的、特别的行为，心理学上称之为特定行为倾向。这种特定行为倾向总的来说可以分为两类：一类是逃避倾向，另一类是接近倾向。这种特定行为倾向是人类在进化过程中形成的一种适应性心理机制，它既可以是外显的行为，也可以是潜在行为或意向性的行为准备。如人类早期，当面对凶猛的食肉动物狮子、老虎时，就会产生一种情绪（害怕），这种情绪促使人迅速逃避，而当面对小动物——野兔、梅花鹿时，就会产生另一种情绪（高兴），这种情绪就促使人主动接近。

当消极情绪产生后，它会限制一个人在当时情境下瞬间的思想和行为指令系统，即促使个体在当时的情境下只产生由进化而形成的某些特定行为，如逃跑、攻击、躲避等。当人类祖先生活在一个生命受到严重威胁的情境中时，这些特定行为或行为倾向具有很好的保护作用，它能使个体得到最直接的利益——生命得以延续。因此，从某种条件来说，消极情绪限制了人的思想和行为，使人的思想和行为缩小在以保护自己的生存为核心的几种特定方式上。在漫长的进化过程中，人类为了生存下去就可能使这种限制个体在特定情境下瞬间的思想和行为指令系统的情绪——消极情绪——得到充分发展。如假定一个人在第一天狩猎时碰到一只凶猛的老虎，为了活命他只有逃跑，第二天狩猎时他又碰到了一头凶猛的狮子，为了活命他还是只能逃跑。

从心理进化的角度来看，消极情绪因具有生存意义而获得了进化优先，不过人类在保障生存以后就必然为了活得更好而发展出积极情绪。尽管可以推测人类在早期险恶的环境中难得产生积极情绪，但其实积极情绪和消极情绪有着同样的作用机制和功能——影响一个人的行为或行为倾向。只不过积极情绪的功能和消极情绪正好相反，它扩展了一个人在特定情境下瞬间的思想和行为指令系统，即它能在当时特定的情境下促使人冲破一定的限制而产生更多的思想（思维）、出现更多的行为（或行为倾向）。这些行为不仅表现在社会性行为和身体行为上，也表现在智力行为和艺术行为上，弗雷德里克森（Frederickson）把这称为"积极情绪的扩建理论"。如再回到上面的例子，假定一个人在第一天狩猎时获得了一头肥硕的梅花鹿，他肯定会产生高兴的情绪，这时候他的行为可能是手舞足蹈；而当第二天他又获得一头肥硕的大山羊时，他就不一定还像第一天那样手舞足蹈了，可能会大喊大叫来庆祝。也就是说，在高兴的情绪影响下，个体的行为可能是多种多样而没有规律的——只要这些行为能表达出他的高兴就好。因此，在积极情绪作用下，人就会有多种行为（或思想）选择，甚至创造出一个前所未有的新行为、新思想。反过来，当个体能用各种方式来表达自己高兴的情绪时，其对积极情绪的体验又会更深刻、更彻底，这本身又会促使个体不断地想创造条件复制这种积极情绪体验。只要看到世界各民族在欢乐时所跳的千姿百态的舞蹈，就不难想象积极情绪的扩建功能有多强。

积极情绪和消极情绪本身的不同强度（唤醒水平的高低）对个体行为或思想的扩建或缩小功能也有着一定的影响。对积极情绪来说，强度越大，其扩建功能就越强；对消极情绪来说，强度越大，其缩小功能也就越强。

消极情绪和积极情绪导致行为倾向不同的主要原因是，这两种不同的情绪能使人建构起不同的心理资源。一般认为，消极情绪能通过缩小个体即时的思想或行为资源而组织起一种应激资源（包括身体资源、智力资源和社会性资源等），主要应对各种威胁到自我的危险。这种资源能使个体迅速采取特定的行为，从而避免使自己受到伤害，这是个体最低要求的自我保护——保障生存。和消极情绪的应激保护不同，积极情绪则能通过扩建个体即时的思想或行为资源而帮助个体建立起持久的个人发展资源（包括身体资源、智力资源和社会性资源等），这些资源趋向于从长远的角度、用间接的方式来给个体带来各种利益。具体来说，其能促使个体充分发挥自己的主动性，从而使个体产生多种思想和行为，特别是能使个体产生一些创新性的思想和行为，并把这些思想和行为迁移到其他方面。

有些人甚至认为人类的艺术行为就是积极情绪扩建的一种直接结果，这种猜想不无道理。因为人类在应激的状态下只会出现一些本能性的保护行为，这种行为具有刻板的特点，它不能创造出艺术。只有在积极情绪所促成的个人持久发展的状态下，人类才会想到用一些不同寻常的行为方式或思想来表现自己，艺术便由此而产生。如同样是跑步，当一个人面临生命危险的情境时，他唯一的选择是尽全力跑，跑得越快越好，绝不会讲究跑步姿态的美观。但当一个人处在一种兴奋或满足等快乐情境时，他就会有意识地选择各种样式的跑步姿态，而且讲究花样和美观，也许这种状态下的跑步就是今天人类舞蹈的起源。从艺术的本质来看，尽管艺术有着各式各样的表现方式，但其主要的目的和功能还是给人类带来各种愉悦和享受。

现代人在日常生活中的一些行为现象也能从某种程度上说明积极情绪确实能拓展人类的行为或思想方式，而消极情绪则会限制人类的行为或思想方式。如当出现悲痛的情绪时，人的行为模式基本上是相同的，如哭泣、沉默、收敛自己的行为而变得不愿多活动等；而当人们处在快乐的情绪状态时，人的行为方式却互不相同，很难找出一个具有代表性的统一模式。在这里也许可以得出这样的结论：消极情绪只是保存了人类，而积极情绪才能发展人类，促使人类产生新的思想、新的行为。所以，人类要想得到更好的发展，要想具有更多创新性，经常有意识地多体验积极情绪是一条好途径。

二、积极情绪对心理紧张的消解功能

积极情绪能使人释放由消极情绪所造成的心理紧张（压力），从而使人的机体保持健康和活力。长期的消极情绪体验会使人感到严重的心理紧张，这种心理紧张能使机体长期处于应激状态，这对人的身体健康非常有害。世界卫生组织的有关研究表明，人体患癌症并非完全由基因因素和外在的各种致癌物引起，人的心理因素也是一个值得引起高度重视的致癌因素。

现代医学和心理学的研究表明，消极情绪，如焦虑、紧张、悲观、抑郁等能使机体自然产生警觉、反抗、消解消极情绪的过程。在这一过程中，由于消极情绪本身能抑制机体内部的巨噬细胞、淋巴细胞和免疫抗体的生长，因此机体在警觉、反抗、消解消极情绪时，就会形成一种恶性循环。一方面，机体内部的巨噬细胞、淋巴细胞和免疫抗体的生长由于受消极情绪的影响而受到抑制；另一方面，机体在警觉、反抗、消解消极情绪的过程中又要更多地消耗巨噬细胞、淋巴细胞和免疫抗体。在这种恶性循环过程中，伴随着机体的巨噬细胞、淋巴细胞和免疫抗体的不断减少，机体免疫功能自然就会下降，从而诱发一系列的疾病。

一般认为，机体在经历长期的消极情绪体验时所经历的应激状态主要可以分为以下三个明显的阶段。

第一，惊恐反应阶段。面对消极情绪体验，机体本身会有一种特定的应对机制，其主要特点是通过唤醒人的自主神经系统而使机体分泌的肾上腺素大量增加，而肾上腺素又和下丘脑的冲动一起使脑垂体激素的分泌量增加，以致出现心率加速、体温升高和肌肉弹性降低等症状，这一过程人们称之为惊恐反应阶段。惊恐反应阶段是每一个人面临某种消极体验时都会产生的自然反应，如一个初次上台表演的演员或歌手在登台前都会有不同程度的呼吸短促、嗓子发干等反应。如果这种反应持续的时间较短，那机体尚不至于出现某种病变，而要是这种反应持续的时间较长，也就是说，机体长期处于惊恐反应阶段时，个体就会出现头痛、疲倦、神经衰弱、肌肉酸痛和食欲不振等亚健康状态。亚健康状态是机体产生病变的信号，其本身在一定程度上也是机体病变的第一步。

第二，反抗阶段。为了防止机体由于反应过强而使本身受到伤害，也即抑制机体的亚健康状态，机体必须产生进一步的应激反应以使自己处于某种适应状态，这包括分泌更多的肾上腺素等。而长期大量的肾上腺素的分泌则会造成机体发生生理性的损害，使血压产生波动、心脏负荷加重等。长期如此，身体的防御系统便逐渐衰弱，体质开始下降，免疫力也随之减弱，这时候的机体便极易受到疾病的威胁。

第三，衰竭阶段。即机体原本储存的能量基本耗竭，身体再也不能分泌更多的激素来适应或抵抗应激状态，进而人的免疫功能就会严重失调，这大大降低了机体对人体突变细胞的免疫监视作用，从而导致一系列疾病，甚至导致死亡。一般认为，一个人在其一生中的适应性能量（分泌的激素）是一定量的，如果能量由于消极体验超出时间极限而被耗尽，是无法得到恢复的。

对于个人来说，生活中的压力性事件几乎是不可避免的，再加上人性在进化过程中本身所存在的一些弱点，消极情绪也几乎是不可避免的。因此，如何帮助人们摆脱消极情绪的困扰，特别是帮助人们释放由消极情绪所造成的心理紧张，自然也就成了心理学的一大任务。只是一味地纠结于消极情绪本身是不能解决这个问题的，释放由消极情绪所造成的心理紧张可以通过积极情绪的扩建作用来实现。积极情绪体验能控制或延缓消极情绪所导致的各种心血管的异常变化，如血压上升、心跳加快等，它能迅速使心血管的这种异常变化回归到正常的基准线。不管是活跃性程度较高的积极情绪——如欣喜、兴奋等，还是活跃性程度较低的积极情绪——如满足、安详等，它们都具有这种功能。

第三节　体验：生活角落的积极心理

一、基于过去的积极体验——生活满意

（一）"过去"的意义

每个人都有自己的过去，而过去的生活对个人的现在和将来意味着什么，心理学不同的研究得出了两种截然不同的结论。一种观点认为人的过去就意味

着现在，也即过去与现在有着必然的因果，它们之间是线性的发展关系；另一种观点则认为过去就是过去，现在就是现在，它们之间并没有必然的联系。

1. 过去对现在的因果决定论

这一派理论中较有影响力的是以弗洛伊德为代表的精神分析理论。弗洛伊德的精神分析理论认为，人的心理由三个部分组成，即潜意识、前意识和意识（潜意识和前意识合并起来称为无意识）。而在这三个组成部分之中，潜意识是人所有意识行为的基础和出发点，人的一切行为都是人潜意识演变的结果。他曾用海上漂浮的冰山来比喻人的心理，露出水面的部分就是人的意识，而潜藏在水面之下的、数量和重要性远远大于水面以上部分的则是潜意识。弗洛伊德认为，人潜意识中所包含的内容主要是人的本能——性本能。除此之外，人经历过的那些被"遗忘"（弗洛伊德不承认有遗忘，他认为遗忘其实就是被压抑到了无意识之中）的事也被人有意或无意地压抑到了潜意识中，而那些迫于外在压力被压抑到潜意识中的记忆都有其痛苦的一面①。

从弗洛伊德的理论可以看出，人潜意识中的内容主要有两部分：一部分是人的本能，主要是性本能；另一部分则是人所经历过的，并使主体感到痛苦的东西，这些东西和人的本能相结合，最终成为人当前行为的发起原因。这就是说，人有什么样的过去（特别是痛苦的过去），就会有与之相对应的现在，过去和现在存在着因果关系。但这种过去与现在的因果关系在弗洛伊德的理论里有着强烈的问题感色彩，也就是说，在弗洛伊德看来正是因为有着痛苦的过去，才有现在的问题，反之从现在的问题中也能发现人过去的痛苦。因此，弗洛伊德在 1904 年出版的《日常生活的心理分析》中详细论述了对过失行为的研究。他认为，人的口误、笔误、读误、听误、遗忘和误放东西等都不是无意产生的，而是有着特定的动力和原因的，这个动力和原因就是潜意识中人的本能欲望和被压抑的痛苦。弗洛伊德的过去与现在的因果关系充其量是一种过去的问题与现在的问题之间的因果，简单说就是问题与问题之间的因果。

不过在这里还有一个问题，那就是过去的事是在过去已发生了的，它怎么对个人现在的行为、思想等产生影响呢？因此，从本质上说，弗洛伊德理论

---

① 弗洛伊德. 精神分析引论：全彩图解 [M]. 台北：海鸽文化出版图书有限公司，2013：105.

其实是强调过去的情感体验、经历、经验等对个人现在的行为或思想产生的影响。也就是说，弗洛伊德理论的核心是强调情感体验决定着思维，这是弗洛伊德理论的实质。

对于弗洛伊德理论的这种主张，人们可以轻易地找到很多的日常生活经验来加以证明。如当一个人处于消沉状态时，其更容易回忆起自己过去的一些不愉快经历；即使在炎热的夏天，人们也忘不了寒风刺骨的冬天景象，也会主动购买一些棉衣、棉被等。同样心理学实验室中的实验也证实了这种观点，如在一个实验中有意给被试注射肾上腺素（目前临床上可的松类药大多含有这一激素），从而使被试处于一种紧张、焦虑的体验状态，被试会对一些很平常的事产生危险的感受。也就是说，被试的情绪体验状态影响（或决定）了被试对当前事件性质的认知。

不过随着二十世纪六七十年代认知心理学革命的到来，弗洛伊德理论的这种情感体验决定着思维的观点受到了冲击。认知心理学家用一系列卓有成效的实验证明：思维不是情感的反映，而是情感产生的原因。也就是说，是思维导致了情感的产生。如对危险的认知产生了焦虑，对损失的认知产生了难过，对侵犯的认知产生了愤怒等。认知心理学的这一观点也同样存在着许多的实证依据。认知心理学家发现，一些具有抑郁心理问题的人，如果学会摆脱对过去问题的消极解释的话（而学会一种积极的解释），那么就可以从抑郁中得到恢复。同样在实验室中，如果被试认识到自己的心跳加快等心理紧张状态纯粹是注射肾上腺素的结果，那他们就不会出现反常行为。

从目前来看，这两种对立的观点都有一定的道理，也都有很好的实证依据。人们只能得出这样的结论：也许在不同的时间、不同的情境下，有时候可能是情绪决定了认知，有时候又可能是认知决定着情绪。所以，当代心理学研究的一个重要任务是确定在什么条件下情绪决定着认知，在什么条件下认知决定着情绪。

除了弗洛伊德的无意识理论主张过去决定现在和未来之外，达尔文（Darwin）的进化论同样也反映了这一主张。达尔文进化论的实质是强调人类只不过是自然竞争的胜利成果，人类的祖先在过去的竞争中赢得了两场伟大的胜利：获得了生存权和繁殖权。而这两场胜利给人类所带来的进化机制制约和影响着人类现在和今后的发展，人类别无选择，只能按照祖先所形成的机制（包括生理机制和心理机制）生活。这实际上就是说，人类现今的思想和行为都是由祖先早已规定好了的，人类如果不按照这种规定去做，那就要走向灭亡。从表面看来，达尔文的进化论似乎包含这种过去决定现在的思想，但实际上达尔文是把人类作为一个整体来加以研究的，主要关注人类的基因对人类生存所起的作用；而弗洛伊德理论则是以个体为研究对象，主要强调个体的早期生活经验对其现在的影响，这与基因无关，而是专门指人的早期生活体验。因此达尔文的理论和弗洛伊德的理论之间有着本质的区别。

事实上，达尔文进化论在一定程度上反而说明了人的早期生活经验对其成年后的人格影响不大。如在明尼苏达双胞胎研究小组的一系列双胞胎研究中，人们发现一出生就因为某种原因而分开抚养的同卵双胞胎在成年之后，人格相似性程度要远远高于从小在一起抚养的异卵双胞胎；而对被领养的孩子的研究也表明，被领养的孩子长大后的人格和其亲生父母而不是养父母有更大的相似性。这些研究说明，基因在孩子的人格形成中起着重要的作用，而孩子本身早期的生活经验对人格形成的影响则不如人们想象的那么大。

2.过去与现在无关论

事实上，过去的体验是建立在回忆基础上的。有的人相信，一个人对过去事件的记忆一定反映了该事件的本来面貌，也就是说回忆是对事件进行的一种再造。但心理学研究的事实告诉人们：当人们回忆某一事件时，并不是准确无误地再现它，相反，回忆是对实际发生了的事件的重新建构。真实的过去和现在回忆的过去可能是两回事，人们即使是在回忆过去，也可能是叙述一个全新的"现在对过去的解释"。

流行的心理治疗（特别是精神分析心理治疗）常常有一种特殊的功能，就是在治疗过程中帮助治疗对象回忆起过去的一些不幸经历。治疗师对此的解释是，这些创伤性记忆出于一些原因而被主体有意无意地压抑到潜意识中，现在经过特定的治疗手段的帮助，创伤性记忆逐渐被意识到，也就是通常所说的从无意识领域进入意识领域。

（二）对过去的满意感

对于过去与现在之间的关系，就目前心理学的研究来看，还只能得出一个折中的结论，即过去对现在有影响。从一定意义上说，一个人之所以是现在的这种状态，在很大程度上是因为这个人过去的经历。

1. 正确理解过去

个体童年期的不幸经历确实会对其长大后的人格产生一定的影响，但这种影响并不是大到能起决定性作用。从心理学研究的实际情况来看，现在的许多心理学研究（特别是临床心理学研究）过分夸大了人在童年期间的经历对其将来生活的意义，这种过分夸大的一个直接坏处是让人变得消极，从而失去了生活的主动性和积极性。既然儿童时代的经历就已经决定了将来的人格和思想，那人们再做怎样的努力也是没有意义的。反之，即使不做任何努力，成人也一定会具有儿时就已经决定了的人格。如果依照这种观点来进一步推理的话，至少可以得到这样一个结论：人的发展不是自主性的。因为一个人早期的生活经历不是他自己所能选择的，他完全是一个被动的接受者，而长大后他又没有必要主动选择了，早期的经历已为他做好一切准备了。这显然是一个荒谬的结论。

从本质上说，一个人过去的经历对其现在或将来产生影响其实是通过这个人回忆过去时所产生的情绪体验来起作用的，并不是过去的事仍在真实地起着作用。每个人都有过去，回忆过去的事，有些会让人感到愉快，有些则会让人感到伤心。不管是愉快的还是伤心的，这些事本身都是已经发生了的，人们即使对过去发生的一些不幸耿耿于怀，这些事本身也并不会被改变，但由此产生的消极体验可能会使经历这些事的人现在的生活更不幸。因此，积极地面对过去、坚强地面向未来就是一个伟大的胜利。

2. 生活满意点理论

生活满意点其实指的是一个人生活满意的基准线，这个概念最早是由美国心理学家提出的，认为不同的人有着不同的生活满意基准线[①]。

有些人的生活满意基准线很高，也就是这条线所包含的范围很广，这样的人对自己的大部分生活都感到满意；而有些人的生活满意基准线很低，这条线所包含的范围相对就很窄，也就是人们平常所说的对生活很苛刻，对什么

---

① DIENER E, SUH E M, LUCAS R E, et al.Subjective well-being：Three decades of progress [J].Psychological Bulletin, 1999, 125（2）：276-302.

都不满意。当一个人经历了一件消极的事件之后，他在短时期内可能会感到沮丧，但过了一段时间，他的心理状态又会恢复到原来这条基准线附近；反之，当一个人经历了一件快乐的事件之后，他在短时间内会处于非常快乐的心理状态，但过了一段时间，他的心理状态也会恢复到这条基准线附近。

生活满意基准线主要来自人的先天倾向，也就是人的生物属性。但一些人对活动或事物的满意和不满意的状态会有一种适应性。也就是说，当长期处于满意或不满意的状态时，人就会对满意或不满意的状态视而不见，无动于衷，不再表现出原来的满意或不满意的态度。即使再有与原来相同的事件出现，个体也已不再产生原来的那种满意感或不满意感。这说明个体的生活满意基准线会随着个体生活体验（一定是长期的）的变化而发生一定的变化。

人过去的生活经历对其现在和将来产生影响主要是通过影响其生活满意基准线来实现的。一个人过去的生活经历和其先天的某些生物特性相结合构成这个人的生活满意基准线，不同的生活满意基准线对人们的现在和将来产生着重要的影响。从这里可以得出结论，不同的人有着不同的生活满意基准线主要基于两个原因：一是各自先天的生物因素不同；二是各自生活经验不同，这些生活经验也会以某种方式整合到生活满意基准线中。

在这里要清楚一个问题：生活事件本身的性质并不能直接影响生活满意基准线（消极事件并不会直接降低生活满意基准线），只有当某一生活事件被大脑进行加工时，伴随着加工过程人们产生了相应的情绪体验，这一情绪体验才会影响到生活满意基准线。人的情绪体验具有主观性，也就是说，人们可以通过自己的方式来感受一定的外在事件，如既可以用积极的态度也可以用消极的态度来对待外界的同一事件。当然，这一过程要排除那些与本身有切身利益的事件。这些事件可以不经过大脑有意识的加工就直接影响到生活满意基准线，因为这些事件和原始情绪相关，直接关系到人的生存等。因此，这些事件几乎是自动地使人产生相应的情绪。尽管神经科学已经在某种程度上证明了人们对生活中的事件所产生的生理反应——特别是脑电活动方式基本上是相同的（如看一幅漂亮的图画，人们的脑电活动基本相同），但在此基础上人们可以产生完全不同的情绪体验。

用积极的态度对待经历过的事件时，人们就能相应地产生积极的情绪体验，而这种积极的情绪体验逐渐成为生活满意基准线中的一部分。积极的情绪体验一旦被整合到生活满意基准线之中，就会使人们更满意地对待自己现在和将来的生活。

二、基于现在的积极体验——福乐

基于现在的积极体验有很多，福乐（flow）是其中一种非常重要的积极情绪体验。福乐最早是由西卡森特米哈伊提出的一个概念[①]。二十世纪六十年代，西卡森特米哈伊在做自己的博士论文时发现，一些艺术家在画画时常常可以废寝忘食、不辞劳苦地始终专心如一，表现出极大的兴趣和坚持，而一旦这些人完成了自己正在从事的活动之后（如画完了要画的画之后），他们马上就会失去对原来所从事活动的兴趣和坚持，和以前判若两人。这一现象引起了西卡森特米哈伊的注意，他在研究这一现象时发现了几个有趣的问题。第一，在这一过程中没有任何的外在奖励能促使这些艺术家进行这一行为，因为他们中几乎没有人是想通过画画来获得金钱或名气的；第二，作品本身也不是促使他们努力工作的动机，当他们完成作品之后，许多人就随手把自己的作品扔在角落，甚至再也不去管它了。西卡森特米哈伊认为对此唯一的解释就是，这些人是被绘画本身所激励的，也就是说绘画过程本身能给绘画人带来一种积极的情绪，这种积极情绪是如此的强烈，以至于能激励他们持续不断地努力工作。

西卡森特米哈伊把这种情绪体验称为福乐体验。所以福乐就是指对某一活动或事物表现出浓厚的兴趣并能推动个体完全投入某项活动或事务的一种情绪体验。这是一种包含愉快、感兴趣等多种情绪成分的综合情绪，而且这种情绪体验是由活动本身而不是由任何外在其他目的引起的。之所以把这种情绪体验称为福乐，主要是因为这种情绪体验在人的意识中会源源不断地出现，人们在生活中总是会尽可能地主动追求它。

（一）福乐形成的心理机制

从进化论的角度来看，人类在进化过程中为了自己的生存，使中枢神经系统逐渐发展出了一种能区分各种外界刺激信息的信息处理系统，人们把这一

---

① CSIKSZENTMIHALYI M. Flow: the psychology of optimal experience[M].New York: Harper & Row Press, 2008: 106.

系统及其所具有的特性统称为意识。意识一般由三个子系统组成：一是注意系统，也就是平常所说的感觉系统，它确保外在信息在意识中出现；二是知觉系统，负责对感觉到的信息进行解释和加工；三是记忆系统，用来储存个体已获得的信息。意识的这三个子系统由于受到人本能压力的影响，会在人的基因要求（人的生物性要求）、社会文化要求和个体行为之间发挥调节作用。这种调节主要体现在把生理加工过程转变为个体的主观体验上。这样每一个体都能觉察到自己有着种种力量，如思考、感受、愿望、喜欢或确定自己的注意方向等方面的力量，于是自我就在这种体验或觉察过程中产生了。

所以从某种角度上说，自我是意识过程及其结果的一个附带产品，其内容是关于自身的过去、现在和将来三个方面的信息，具体包括身体、心理和行为等方面。当个体具有了自我之后，自我在意识中的地位会不断提升，并最终占据了意识过程的全部（甚至无意识的绝大部分也被自我所占领）。因此，每个成年人的意识其实都是从个体的自我出发所形成的意识，其意识带有明显的自我特性。例如，在平时的生活中，不同的人对同一事物的意识并不完全一样，这就是因为每个人有不同的自我。

在这个进化过程中，不同的人会把三个子系统以不同的方式组合在自己的意识之中，从而形成不同的心理体验，如有的以愉快为主，有的以能力为主，有的以分享为主等。一部分人逐渐把愉快、能力和分享完全结合而形成一种新的形式，这就是福乐的体验。福乐就是人意识中的一种自带目的的内在动机原型，它唯一的目的就是体验行为本身而不是获得行为所能带来的任何外在奖励或其他好处。尽管这种动机不带有任何的外在目的，但在实际生活中，这种自我目的性动机行为常常能带来新思想、新发明。

（二）福乐产生的条件

福乐产生的基本条件主要包括三个方面。

第一，挑战和才能的相互平衡。所谓挑战就是指本人通过一定的努力，并克服一定的困难能完成的一种任务或能胜任的一种活动，如获得一个陌生人的友谊、游泳横渡英吉利海峡等，也包括在电视节目中经常看到的挑战吉尼斯世界纪录。才能则是指与所从事的活动相匹配的技能、技巧等。但挑战和才能本身并不一定能形成福乐，只有当这两者之间形成一种平衡之后，也就是说经过努力后才能完成相应的挑战，福乐才会产生。

　　从理论上说，生活中的每一种活动都会产生福乐体验，与此同时，没有一种活动可以使人们以一种方式永远获得福乐体验，因为个体的才能和挑战之间不可能永远保持平衡。例如，一个喜欢打乒乓球的人总会千方百计地寻找机会打乒乓球而反复获得福乐体验，他在打了一段时间之后，球技会得到提高，这时他再和原来水平相当的对手打球就会感到厌倦而不再有福乐体验，他只有找到与他球技水平相当的对手后才会产生福乐体验。福乐体验的这一特点促使人类不断进步和不断发展。因此，从福乐的组成成分可以得出结论，福乐其实是推动人类不断发展和进化的一种原动力，人类总在福乐的伴随过程中获得进步，而又在福乐失去过程中寻找新的挑战。生活中有很多例子都能说明这个道理，当一个人刚刚学会骑自行车时，会特别喜欢骑，总是会不断寻找各种机会主动骑。一旦完全学会了骑自行车，他就再也不会主动找机会特意骑了，这实际上就是他在学会之后，相应的福乐体验消失了，他也就失去了行为的内在动力。不过如果学难度更大的骑车动作，这个人又会产生新的福乐体验。

　　既然说人类生活中几乎每一项活动都能产生福乐体验，但为什么在现实生活中有些活动不能使人们体验到福乐或只体验到较短暂的福乐呢？这一现象主要是由活动本身的挑战度决定的。所谓挑战度就是指在活动者才能所及范围内，活动本身的挑战性（难度）与从事活动的人的才能之间有一定的梯度，梯度越大，则挑战度就越大，反之则越小。如果用一个公式来说明的话，就是挑战度等于才能与挑战性的比，即才能／挑战性。在这里要做一个说明：并不是挑战度越大，福乐体验就越大，这里并不存在线性关系。如果一项活动的难度远远超出了一个人的能力范围，则活动本身就会变得不可能进行，自然也就谈不上福乐体验。一般认为，难度刚刚高出才能的活动最能使主体产生福乐体验，也就是"最近发展区"式的活动最能使人产生福乐或能使人产生最大的福乐。如成年人在做一些游戏活动时会感到厌倦，提不起兴趣，但儿童常常能乐此不疲，这就是因为游戏对成年人来说缺乏挑战度或挑战度不大，而游戏对儿童来说具有较大的挑战度。同样，骑自行车只能给人带来较短暂的福乐体验，而下棋却能给人带来长久的福乐体验，这也是由于前者对人的挑战度较小，而后者对人的挑战度较大。

　　第二，所从事的活动要具有一定的结构性特征。并不是所有具有合适挑战性的活动都能让人产生福乐，一项活动要想让人产生福乐，还必须具有结构性的特点。所谓结构性特点是指一项活动应该具有确定的目标、明确的规则和相应的评价标准。也就是说，活动要具有可操作性和可评判性。如体育活动、艺术活动、国际象棋比赛和围棋比赛等活动就具有这一特征，因而这些活动也最容易让人产生福乐体验。在结构性活动中，活动的参与者明确了解自己所要达到的目标，知道自己应该做哪些，不应该做哪些，同时结构性活动本身可以给活动者提供足够的即时反馈，使其了解自己已经取得了哪些进步，还需要做哪些调整，更重要的一点是即时反馈能让其知道自己下一步的工作应该做些什么。

第三，主体自身的特点。活动本身的结构性特点并不完全决定个体福乐的产生。如打篮球的运动员虽然是在从事着有结构性特点的活动，但其也会由于自身的焦虑和紧张而根本体会不到福乐；反之，在垃圾场拾荒的人虽然是在从事着非结构性的活动，但其也可以在一定程度上使自己的工作变得激动人心并从中体会到福乐。因此，除了活动本身的特性能影响福乐的产生之外，人本身的特点——主要是人格方面的一些特征，也会影响福乐的产生。西卡森特米哈伊把这种更容易产生福乐体验的人格称为"自带目的性人格"。自带目的性人格的人把生活本身看作一种享受，其"做任何事情总的来说是因为自我的原因，而不是为了获得任何其他的外在的目的"[①]。具有自带目的性人格的人常常对生活充满好奇和兴趣，在生活中比较有耐心，能坚持，同时不具有自我中心主义，能更多地从内在动机方面对自己的行为进行自我奖赏等。福乐是人在高度集中注意力时才会产生的，因此在注意力集中方面的一些特征对福乐有着特别重大的影响。

另外，人们也可以通过后天的学习来改善自己注意的某些品质，使自己的注意力得到一定的提高，从而使自己更容易获得福乐体验。当然，对于个体而言，即使生理上存在着某些先天性的不足，其也可以通过有效的训练来提高自己获得福乐体验的能力。目前这一方面的精神或医疗训练很多，如瑜伽、气功和太极拳等。不管是瑜伽、气功，还是太极拳，它们主要的共同点就是训练

---

① CSIKSZENTMIHALYI M. Flow: the psychology of optimal experience[M]. New York: Harper & Row Press, 2008: 115.

个体把自己的意识集中到某一个特定目标上，如果经常进行这方面的有意识训练，就可以提高个体对自己意识的控制力，从而促使个体集中注意力。

（三）两种典型的非福乐体验

福乐是每个人都追求的心理体验，但是在日常的生活或工作中，人们不容易体验到福乐，这主要是因为人们的大多数日常生活或工作都有着外在的特定目的——或是迫于生活，或是迫于权威等。与福乐体验相对应的另外两种情绪状态是分离体验和茫然体验，现在的一些心理学著作把分离体验称为厌倦体验，把茫然体验称为焦虑体验。不过在这里要做一个说明：所谓福乐、分离和茫然等都是指一种极性体验，大多数人在大多数时候并不一定处在这种极性体验之中，而是处于某一个中间状态，即在福乐与分离体验之间或在福乐与茫然体验之间。

分离是一个很古老的概念，它原本指人类自身的一种原罪，在这里主要是指个体在自我失去（由于某种外在的原因）以后所产生的一种不愉快的心理体验。如果个体具有很强的能力，但现实没有为其提供与其能力相匹配的机遇，而只是为其提供远不如其能力的机遇，并要其严格按照相应的要求去做，这样个体就会由于受到外界的束缚而失去自我（自己的真实能力得不到发挥），并会产生一种无助体验。

茫然是另一种非福乐体验。它最早是一个社会学方面的概念，主要是指由于社会经济秩序的混乱或突变而导致个体产生的一种不知所措的体验，这种体验在社会或经济转型时最容易产生。原有的社会和经济秩序被打破了，而新的又没有建立起来，这时候个体就会产生茫然的体验。这种体验常会使人们对生活失去信心，甚至产生自毁的冲动。生活在一个不稳定的社会或经济秩序之中时，人们就会对自己的前途很迷茫，不知道自己下一步到底要干什么，又能干什么。这里所谓的茫然体验是指个体处于一个目标不明确、环境不熟悉的境地时而产生的一种总觉得自己做什么都做不好的心理体验，而这种体验在外在的机遇或职责要求高于个体的能力时也会产生。

茫然是个体对自己生活的环境一无所知、对自己行为将来的结果不能确定而产生的一种心理体验。如一个人到了一个新的环境中，他原先所拥有的生活经验等都变得毫无用处，他也不知道怎样和其他人开展正常的交往，不知道自己该采取什么样的措施来应对周围的环境。这时候他就会产生一种不知所措的心理体验，这就是茫然体验。处于茫然体验下的个体常常把寻找社会稳定、社会安全和社会确定性作为自己行为的主要动机，就像一个生活在黑暗中的人迫切需要获得阳光一样，他们迫切希望自己能生活在一个稳定的世界中。不过从福乐体验和两种非福乐体验的特点及产生机制来看，它们之间似乎并不是简单的连续体关系，而是有着更为复杂的关系。

三、基于将来的积极体验——乐观和希望

乐观是积极心理学研究的一种重要积极体验。乐观和悲观是两个相对的概念，因此心理学在研究乐观时也总免不了要附带研究悲观。乐观和悲观真正进入心理学研究领域的时间并不长，主要是在人本主义心理学兴起之后。但当代心理学对乐观与悲观的研究如火如荼。人们从不同的角度对乐观和悲观进行了研究，这些研究基本已形成一种定式：乐观总是和一些积极结果和良好的个人品德联系在一起，如乐观有利于解决个体在生活中遇到的各种问题，有利于学术研究、运动比赛、职业生涯等的成功，甚至有利于延长人的生命；而悲观则属于人的消极情绪，它与消极结果，如压抑、被动、失败、孤僻、道德问题等相联系。

（一）积极心理学对乐观的解释

乐观型解释风格其实是习得性无助的一个对立面，它本身和习得性无助所导致的悲观型解释风格构成了人格的两个极点，而每个人的人格则处于这两个极点所构成的线段上。塞利格曼认为，乐观其实就是由学习而来的一种解释事件缘由的习惯风格[①]。按照这种观点，一个人之所以乐观，主要是因为这个人学会了把消极事件、消极体验及个体所面临的挫折或失败归因于外在的、暂时的、特定的因素，这些因素不具有普遍的价值意义。与此相反，一个人之所以悲观则是因为这个人把消极事件、消极体验及个体所面临的挫折或失败归因于内在的、稳定的、普遍的因素。

---

① 塞利格曼.认识自己，接纳自己[M].任俊，译.沈阳：万卷出版公司，2010：40.

　　乐观的人常把挫折或失败归因于自己可以控制的因素（如努力、能力等）而不是归因于自己不可控制的因素（如运气、难度等）。与此相反，悲观型解释风格的人则常把挫折或失败归因于自己不可控制的因素，并认为这些因素会长期存在。对个体来说，形成不同的解释风格对其发展具有不同的价值意义，而这种不同的价值意义主要是通过"可控"与"不可控"的维度来得以实现的。

　　一般认为，归因的控制维度对个体的自信心的建立和对其将来前途的期待有着重大影响。第一，如果一个人将成功归因于可控制的因素（如努力、能力等），他就会把这次的成功当作自己能力的一种检验，从而进一步增强自己的自信心，并相信今后自己还会取得成功；反之，如果他将成功归因于不可控制的因素（如运气、难度等），那么这次的成功也不会给他增添任何自信心，他只会对这次成功产生感激之情，并祈求自己以后还会碰到类似的好运。第二，如果一个人将挫折或失败归因于不可控制的因素，那他就只会放任自己失败而不做任何努力，甚至会出现自暴自弃的现象，心理学通常称之为动机丧失，也就是"习得性无助"。而如果这个人将挫折或失败归因于可控制的因素，那这一次的挫折或失败对他今后的影响就要小得多，他也许会从这次的挫折或失败中吸取教训。

　　乐观的人和悲观的人对所发生事件的解释主要有三个方面的差异：暂时与永久、特例与普遍、外在与内在。如果对这三个方面进一步分析，就会发现，这三个方面中除了有可控性维度之外，还有另一个很重要的潜在因素——稳定性维度，"永久""普遍"和"内在"等概念都和稳定性有紧密的关系。乐观的人常会把失败归因于不稳定性因素，而把成功归因于稳定性因素；悲观的人则恰恰相反，很可能会把成功归因于不稳定性因素，而把失败归因于稳定性因素。教育心理学的研究表明，期望的改变与个体归因的稳定性维度有着高度的相关性。

（二）积极心理学对希望的解释

　　希望是和乐观有着紧密联系的又一种针对将来的积极体验（或是一种认知），积极心理学对"希望"这一概念也有自己特殊的界定。这里需要说明，积极心理学虽然是传统病理性消极心理学的补充，但它是心理学研究的一个新领域，营造了一种新的心理学场景，体现了一种新的价值意义。因而在它生存的心理学场景中，它便有自己特定的话语方式，只有用它特定的话语方式，才能更准确地表达或生成自己想要表达的意义和价值。这正如有些概念在不同的生活场景中有其不同的意义一样。如"坏蛋"一词，在某些消极的场景（如吵架的场景）中是一个含有谴责意义的概念，但在某些积极的场景（如恋爱的场景）中，它就成了一种对恋爱对象的昵称，表达了一种对对方的深深的爱恋。

希望是一种情绪体验，一种在个体处于逆境或困境时能支撑个体坚持美好信念的特定情绪。希望是一种和个体的目标紧密联系时产生的情绪体验，当个体的目标是可达到的、可控制的，对个体本身具有一定的重要意义并能为社会或道德所接受时，个体就会产生一种情绪体验，这就是希望。从行为主义的观点出发，希望是一种情感，起着次级强化物的作用。

希望本身就是一种思想和信念，一种使个体维持自己朝向某种目标活动的思想和信念。也就是说，希望既是个体对自己能够寻找到实现目标途径的认知，也是个体对自己有能力、有毅力采取持续的行动而达到目标的认知。希望是一种以信任自己的能力为核心的认知，这种认知不仅能帮助个体增强避免陷入各种问题的信心，同时能帮助个体找到有效应对生活压力的途径。总之，希望就是一种愉快的、积极的结果，是一种可能会实现的信念。

心理学对希望的理解还存在第三种观点：希望既包含认知成分，也包含情绪成分，希望是被个体预想的积极情感和消极情感之间的差异所左右的。也就是说，预想中的积极情感越大于预想中的消极情感，则个体的希望就越大；当两者相等时，则不产生希望；而如果预想中的积极情感小于预想中的消极情感，则会产生与希望相反的消极情感（如失望等）。从认知的角度来说，希望是个体的预料与预料背后所隐藏的愿望之间的联系，是建立在认知基础之上的。个体会对预料中的成就和其获得成就的愿望强度之间的关系产生一种认知，在这种认知之后所产生的一种调节力量就是希望。

个体的愿望目标在个体希望的产生过程中起着重要作用。尽管目标各有不同，但它必须具有一定的特点才能引起希望的产生：首先，目标要有一定的价值，才能引起个体追求，一个不能引起个体追求的目标是不会让个体产生希望的；其次，目标要和接近本性或逃避本性相一致，目标要么是因其积极而促使人想接近，要么是因其消极而促使人想逃避；最后，目标在实现过程中既要有一定的难度，也要存在实现的可能，即使是看起来似乎不可能达到的目标，经过精心的策划并付出艰苦的努力，也应该能达到。这一希望理论的特点是从结构上对希望做出了分析，从而为个体希望的培养提供了可操作性。

第五章　情感培养视角下的积极心理

第一节　归属：生活满意度的提高

生活满意度是指个体基于自身设定的标准对生活质量作出的主观评价，是衡量某一社会人们生活质量的重要参数。本节将从友谊满意度、工作满意度两个方面举例分析如何提高生活满意度。人类最重要的环境就是日常生活环境，人们对工作、学习、人际关系越满意，生活中的积极情绪就会越饱满。

一、友谊满意度

（一）友谊必要性

友谊是一种亲密的人际关系，是朋友之间一对一的相互作用的过程，这种人际关系反映了两个个体之间的情感联系。

人们发现友谊发挥作用的条件不在于数量，而在于个体的主观评价。友谊满意度对青少年的发展具有多方面的作用，这主要是基于友谊所发挥的作用来谈的。第一，友谊具有社会支持功能。社会中的个体在不同的社会关系中寻求着不同的社会支持，不同类型的关系提供着不同的社会支持，满足的是个体不同的心理需求。例如，在两个人的友谊中被一个人喜欢与在同伴接纳中被许多人喜欢，这两种社会交往体验存在着质的不同，当然所满足的心理需求也是不同的。第二，友谊对青少年社会技能发展具有促进作用。朋友之间相处时产生的不愉快或者冲突可以促进个体寻找解决策略，从而提高社交技能。

（二）友谊满意度影响因素

（1）年龄因素。友谊质量的认知发展趋势有很大的年龄差异，6～8岁儿童只能认识到友谊中一些外在的、行为性的特征，以后才能逐渐认识到那些内在的、情感性的特征。原来那些外在的特征不是被取代了，而是与内在的、情感性的特性结合在一起，在认识中逐渐得到深化。也就是说，由于认知能力的发展，年龄会影响友谊满意度。

研究表明，青少年总体友谊满意度存在年级差异：七年级的满意度得分显著低于除九年级以外的其他年级，九年级与七年级的满意度总分差异不显著。在友谊满意度的五个维度中，亲密交流维度、陪伴关心维度存在显著的年级差异，这主要是由于七年级在这两个维度上得分比其他年级低造成的年级差异；冲突维度也存在显著的年级差异，九年级存在的冲突比其他年级相对要多；信任维度和肯定支持维度不存在显著的年级差异。下面根据一些特殊情况对友谊满意度情况进行分析。

开学初期，对于七年级的施测对象而言，他们正处于从小学到中学的过渡时期。这一时期学生还处在了解与适应的过程中，学生之间了解少，交往时间还比较短暂，并且交往的稳定性不够，还没有形成稳定亲密的朋友关系，在与朋友有关的需要方面没有得到满足。因此七年级对友谊的满意度显著低于九年级以外的其他年级。教育工作者可以增加新同学之间的交流，创造更多机会让学生之间彼此了解，提高他们的友谊满意度，从而帮助七年级学生缓解适应过程中的不适，更快适应初中的新生活。

九年级的学生友谊满意度比较低，主要是由存在较多冲突造成的。九年级属于毕业年级，学生虽然有亲密的朋友，但是在面临各种不确定以及升学压力的情况下，朋友也可能变成了竞争对手。

亲密交流维度和陪伴关心维度存在显著的年级差异。形成这种情况的原因应该与友谊满意度存在年级差异的原因相同。由于七年级的学生处在新环境中，对新环境中的朋友了解不够，所以彼此之间的交往也有限，情感联系相比其他年级要疏远，在分享关于自己内心的秘密、感想和情绪方面比较少，自然而然在这个方面的满意度也就比较低了。

信任维度和肯定支持维度得分不存在显著的年级差异。虽然七年级在这两个维度上的得分也比其他年级的低，但是这个得分从统计上来看，差异并不显著。这或许可以解释为，信任、肯定支持在青少年的成长过程中发展变化不大。

（2）性别因素。女生对现有的友谊关系的评价在情感性、亲密性、陪伴自己的程度以及对朋友的满意度方面，比男生显著要高。有人解释了造成这种性别差异的原因，认为是由于男性和女性在友谊中的需求是不同的，所以他们的关注点也存在区别，这就导致了满意度的差异。例如，同样是评价拥有高质量的友谊关系，小学六年级男生认为共同活动和游戏是重点，而女生认为亲密交流是重点；九年级学生在互相欣赏方面，男生的认识水平高于女生。青少年早期的个体友谊质量中的支持和满意度表现出随年龄变化和性别不同而不同的特点。

也有人认为，这很有可能是由男女生的交往特点导致的。从男女生与同伴的人际交往特点来看，男生更加倾向于群体活动，他们在群体活动中进行具有竞争性的游戏或者体育运动，如打篮球、踢足球等；而女生趋向一对一的交往，在一对一的交往中，女生常常是与某一位同伴建立起比较稳定持久的友谊关系，具有合作性。女生在建立这段友谊关系的过程中，互相关心、袒露内心的小秘密、表达感想，相比男生之间的竞争活动，女生自然有了更多的积极体验。

女生的友谊具有整合性，整合了生活、学习上各个方面的经历，而男生的友谊相较女生而言，具有分离性。例如，一起进行体育活动的好朋友仅限于在运动场上，而学习上互相帮助的好朋友仅限于在同一个学习场所中，所以对于男生来说，对方只要能满足自己其中一个需求就可以是好朋友。女生却不这样认为，女生认为好朋友之间应该有更多的相似性，而且在彼此分享的话题上，其私密程度比男生要高得多。在亲密交流的话题上，男生之间交流的话题主要集中在共同爱好、时事新闻或者活动上，而女生更多的是分享自己的友情经验或相似的态度。在交流这些内容的过程中，朋友的言语或行为反应对个体的主观情绪体验有着重要的影响。

在冲突维度，男女生并不存在显著的性别差异。这是因为男女生在与好朋友的交往中，难免会产生冲突。这种冲突有助于青少年寻找有效的策略来避免相同冲突的发生，从而促进了个人社会技能的提高。至于这些冲突到底具体到哪些方面，还需要做进一步探讨。

（三）青少年友谊满意度内隐心理加工偏向

无意识反应可以表现为在对任务进行分类过程中所表现出的反应时差异。根据认知神经联系网络模型可以知道，信息是按照语义关系、分层组织存储在神经联系的节点上的。在阈下启动范式里，有一个前提，那就是信息一旦被启动，将易化两个神经节点之间的信息传递，随后类似的信息的加工就会变得容易。

友谊满意度在宜人性与学习分享行为之间起着部分中介作用，在宜人性与敌意维度的关系中起着中介作用。也就是说，人格中的宜人性不仅影响友谊满意度，还可以通过友谊满意度的中介作用影响青少年的学习分享行为。另外，宜人性也可以通过友谊满意度对个体的敌意进行影响。这样看来，在宜人性与攻击行为的关系中，友谊满意度并不起着明显的作用，也就是说，友谊方面的需要没有得到满足并不会导致攻击行为的发生，但是有可能使个体产生敌意。

由于青春期的个体大部分时间是在学校度过的，平等的朋友关系是否能够提供足够的支持、归属感、亲密感等对于他们解决所面临的发展问题具有非常重要的作用。研究表明，在青春期，亲密和情感支持是朋友之间相互作用的主要成分。根据马斯洛需要层次理论，可以假设，个体拥有较高的友谊满意度，意味着个体关于爱和归属的需要得到了较好的满足，朋友之间的互相关爱、肯定与支持较多，满意度高，不仅减轻了成长中产生的孤独感，还促进了积极情绪的发展，增强了积极情绪的稳定性，从而影响了自信心、自尊、自我概念、自我价值等多方面的发展，进而促进了青少年的亲社会行为和社交技能的发展；较低友谊满意度的个体，可能会缺少心理上的安全感，从朋友那里得到的支持较少，所体验到的消极情绪不能及时发泄，从而导致产生敌意。

友谊满意度在宜人性与学校适应行为之间存在中介效应具有重要的意义。宜人性对于亲社会行为的影响机制问题，即宜人性是如何通过人际关系影响社会适应行为的。研究发现，人格对于个体的亲社会行为具有重要影响，并且人格也可以通过友谊满意度对亲社会行为进行影响。在消极的社会适应行为方面，宜人性不能通过友谊满意度来影响行为，但是可以影响行为中的部分维度，如敌意。另外，友谊满意度是可以干预的，教师可以通过干预友谊满意度来影响社会适应行为的变化。

二、工作满意度

（一）含义

工作满意度是工作者心理与生理两方面对环境因素的满足感受，亦即工作者对工作情境的主观反应。员工工作满意度直接影响到员工的工作绩效与企业绩效，工作满意度高，员工会有更好的绩效表现。工作满意度一直是组织行为学家关注的重点，但是目前研究者对员工工作满意度众说纷纭。本书中工作满意度是指组织中的成员对所处的周围环境感知的心理状态，一般是指组织成员在从事自己工作的过程中对组织的工作环境、文化氛围以及工作本身情况（包括工作内容是否有趣、工作方式是否适应、工作压力情况以及周围的人际关系）的感知的一种心理状态。

（二）工作家庭冲突、离职倾向与工作满意度三者的关系

1.工作家庭冲突与离职倾向关系

工作家庭的压力冲突维度对离职倾向没有显著影响，原因是压力冲突属于精神这一方面的冲突，精神方面的冲突是可以调和的。例如，员工因为工作压力太大无法履行家庭义务，但是由于该员工处于一个比较和谐的家庭氛围中，这种冲突和不平衡感能够有效地得到家人和组织的支持与理解。通过个人的有效应对，冲突与离职倾向的关系得到弱化，该员工因此不会因工作压力太大而产生离职意愿。

工作家庭的行为冲突维度对离职倾向有显著的影响，这是因为个体从一个行为模式很难成功地切换到另外一个行为模式。例如，企业管理者把工作上的习惯带到家中，在工作的时候，管理者喜欢追求结果、发号施令，但是在家庭里面比较难用这种方式跟家人沟通。行为冲突由于是相对比较隐形的冲突，人们比较难以察觉到，因而无法得到人们的理解和支持，在这种情况下，该管理者可能会产生离职倾向。

工作家庭的时间冲突对离职倾向产生显著的影响，这是很容易理解的。由于现在大部分家庭都是双职工家庭，人们的工作时间都是8小时左右，陪伴子女与父母的时间都很少，投入家庭的时间减少，当回到家中时，家里又会有比较多的家事。现在的人越来越注重工作之外的生活，这种工作家庭时间方面的冲突，容易让员工离职。

2.工作满意度与离职倾向关系

员工对企业整体的满意度与员工对工作回报的满意度都对离职倾向有显

著的影响。一般情况下，人们认为员工工作满意度就是员工对工作本身以及相关的环境等各个方面的满足程度。本书借用两个维度来衡量工作满意度水平，即对企业整体的满意度与对工作回报的满意度。对企业整体的满意度包括企业形象和声誉、企业的整体发展、企业价值观以及对企业战略满意度等；对工作回报的满意度包括工作给员工提供的工作环境、工作薪酬福利、工作本身给个体带来的价值实现以及工作给个人带来的人际关系体验等。

在企业整体满意度方面，如果员工对企业的形象和声誉有一个比较良好的认可，并对企业的发展战略有充足的信心，这代表员工对企业认同程度很高，增加了员工在企业工作的自豪感，员工与企业关系会更加融洽，他们因此非常希望能继续留在企业工作，不愿意主动提出离职。在工作回报满意度方面，如果工作可以给员工提供比较好的工作环境、工作条件、工作报酬，那么员工就可以享受工作给自己带来的生理与心理方面的满足。如果个体工作内容比较有意义，员工也有发展和锻炼的机会，那么员工可以充分调动自己在工作上的积极性，从而减少工作的枯燥感，同时员工会更愿意留在企业中并且努力积极地为企业的发展贡献自己的力量。

3. 工作家庭冲突与工作满意度关系

工作家庭的行为冲突与员工对企业整体的满意度表现出显著负相关，很有可能是因为员工在企业中的行为模式与企业的文化和价值观有很大的关系，企业里惯例性的行事规则反映出企业的文化，例如，企业文化要求员工客观公平的行为，而家庭则要求情感反应丰富的行为。员工在工作上解决问题的思路方法和行为模式不能够给员工在家庭上解决问题带来很大的帮助，再加上公司和个人解决这种冲突的能力是非常有限的，这种行为冲突并不能很有效地通过组织或者个人的一些其他办法得到调节，于是降低了员工对工作本身的满意度。

然而工作家庭的行为冲突对员工对工作回报的满意度没有显著影响，这是因为行为冲突主要是由个人在企业中的思考方法和行为方式与在家庭中的思考方法和行为方式不一致引起的，这种思考方法和行为方式的不一致带来的冲突，员工往往不会把它归因于工作本身是否有趣有意义、工作报酬和工作环境以及工作福利是否好等，从而不会影响员工对工作回报的满意度。

工作家庭的时间冲突以及压力冲突对员工对企业的整体满意度以及员工对工作回报的满意度均没有显著影响。

在我国大环境下，在工作方面的投入对工作满意度有显著影响，而在家庭里面的投入对工作满意度没有显著影响，这与西方国家存在显著差异。工作家庭冲突不能预测员工在组织领域的某些结果变量，如缺勤意向。国内企业员工的工作家庭冲突对员工的心理和行为的影响比美国企业的员工要小。这很有可能是因为在我国，人们视工作为提高家庭福利的手段和承担家庭责任的方法，以工作为重心，工作家庭时间冲突和压力冲突主要表现在工作对家庭的影响上面，这些结果主要由家庭单方面来消化，员工在心理方面得到了家庭成员的支持和理解。因此，对于我国企业的员工来说，时间冲突和压力冲突不是直接影响工作满意度的负激励因素。

4. 工作满意度的中介作用

员工对企业整体的满意度在工作家庭行为冲突与离职倾向之间有部分中介效应。这是因为行为冲突与员工对企业的整体满意度、员工对企业的整体满意度与离职倾向都有着显著的关系。员工对回报的满意度在行为冲突与离职倾向之间通过 Sobel 检验存在中介效应。但是员工工作满意度在工作家庭时间冲突、工作家庭压力冲突与离职倾向的关系之间都没有起到中介作用。在工作家庭冲突与离职倾向之间的关系这一领域，目前国内外的研究已经非常多，由于企业中员工离职倾向受工作满意度影响较为显著，有一些研究聚焦在工作满意度对各个变量与离职倾向的中介作用的影响上，但是由于研究的角度和研究的内容不同，研究结论也不相同。

工作压力和工作满意度是比较趋于一致的，例如，员工在因工作压力大以及工作满意度低而离职时，很难去区别到底是哪个因素先起作用，或者哪个因素起的作用比较大。工作满意度并没有在工作压力与离职倾向之间发挥中介作用，两个是同时并列影响离职的。因此，工作满意度在工作家庭时间和工作家庭压力冲突与离职倾向的关系中中介效应不明显也是可以理解的。

提高员工的工作满意度，可以从以下几个方面着手改进。

（1）重视基层员工与青年员工。在进行工作满意度、工作家庭冲突、离职倾向人口变量差异分析时，人们发现，基层员工以及青年员工的工作满意度比较低，离职意愿比较强烈。基层员工是企业的基石，青年员工是企业的生力军，他们善于突破、创新。所以企业应当进一步加强与基层员工以及企业青年员工的沟通，给予这些人更多机会，制定与其他群体员工不同的激励政策，提高基层员工和青年员工的工作满意度，避免他们离职。

（2）学习外资合资企业，提高员工工作满意度。在人口统计学变量工作满意度差异分析时，人们还发现外资合资企业的员工满意度明显高于事业单位、民营企业、国有企业员工的工作满意度，外资企业相对来说更加注重企业的形象与品牌建设，给员工充分的培训，注重员工的个人发展，有比较好的薪酬福利的激励体系。我国的国有企业以及民营企业应该多向外资企业学习。国企应该提高行政流程的效率；民企应该注重企业的形象建设，注重员工个人发展，提高员工的福利。

（3）建设更为人性化的企业文化。基于工作家庭行为冲突对企业的整体满意度的负面影响，企业应该从如何缓解和克服员工的工作家庭的行为冲突入手，帮助员工更好地提高对企业的整体满意度。组织氛围或组织文化对缓解员工工作家庭行为冲突是至关重要的。

（4）提供非正式组织支持。非正式组织支持包括领导的支持和非正式组织的引导。通过运用领导以及榜样的力量进行示范来倡导"以人为本"的企业文化，员工就可以从领导和公司同事层面得到支持，平衡工作和家庭。同时，加强与非正式组织成员之间的沟通，能缓解员工工作的压力或家庭的压力带来的心理冲击。

（5）采用灵活的管理方式。一个企业可以有自己的管理制度，但是不能局限在那些条条框框里，不能太死板，要灵活。例如，企业可以实施弹性工作制、远程办公、家庭照顾计划等。另外，加强员工的整体家庭福利也可以提高员工家人对员工工作的支持。工作家庭平衡的员工，工作更加认真，精神更加集中，缺勤也减少。企业的管理者必须重视员工的家庭问题。

第二节 能力：自我效能感的强化

自我效能感影响或决定人们对行为的选择，以及对该行为的坚持性和努力程度。它能影响人们的思维模式和情感反应模式，进而影响新行为的习得和表现。效能预期越强烈，所采取的行为就越积极，努力程度也就越强、越持久，情绪越积极。

一、自我效能感基本概述

（一）自我效能感的含义

自我效能感是人对自己能否成功地进行某一行为的主观判断，即自我能力感。它是个体对自己能力的主观感受，而不是能力本身。它包含三层意思：第一，自我效能感是对能否达到某一表现水平的预期，产生于活动发生之前；第二，自我效能感是针对某一具体活动的能力知觉；第三，自我效能感是对自己能否达到某个目标或特定表现水平的主观判断。

人们需要具备很强的自我效能感才能使自己不被击垮。积极、适当的自我效能感使人们认为自己有能力胜任所承担的工作，由此将持有积极、进取的工作态度；如果人们的自我效能感比较低，认为无法胜任工作，那么对工作会产生消极回避的想法，工作积极性将大打折扣。

（二）自我效能感的特点

1.主观性

自我效能感是对自己能否完成某一行为的主观预期，是先于某一行为发生的，不是对某一活动事后结果的追溯，它不是个体实际的行为表现。如果个体认为他能够完成某件事，并且100%能完成这件事，则他的自我效能感高，不管他是不是真能完成这件事。

2.中介性

自我效能感是人类获得知识、技能、经验和随后行为之间的中介，通过选择、思维、心身反应等中介过程实现其作用。

（1）影响人们的行为选择。通常，人们选择自以为能胜任的活动和能有效应对的环境，回避感到无能为力的活动和无法控制的环境。通过这种选择，人们顺利完成某项任务或活动。效能期待从结果期待中得到进一步强化，形成良性循环。所以说，自我效能感的高低影响着人们对任务难度以及完成任务的条件、工具和环境等的选择。

（2）影响人们的思维过程。自我效能感通过思维过程对个体活动产生自我促进或自我阻碍作用。一般情况下，自我效能感越强，就越努力，越能够坚持下去，越愿意以更大的努力去迎接挑战。而那些怀疑自身能力的人会松懈，甚至完全放弃。

（3）影响人们的心身反应。自我效能感决定个体的应急状态、焦虑反应和抑郁程度等心身反应，进而影响个体的行为及功能发挥。自我效能感低的人与环境作用时，会过多想到个人的不足，夸大困难，产生悲观或自卑情绪。这种悲观或自卑会带来心理压力，使其将注意力转向对可能的失败和不利后果的焦虑上，而不是如何有效地运用其能力来实现目标。自我效能感高的人主要将注意力和努力集中于情境的要求上，并被困难激发出更大的动力，进而引发乐观体验。

3.三维性

自我效能感的发展变化表现在三个维度上：一是水平，水平不同导致个体选择不同难度的任务；二是强度，影响个体对自我能力的判断；三是广度，有的人只在很窄的范围内自我效能感高，有的人则在很宽泛的领域中都有良好的自我效能感。

（三）影响自我效能感的因素

1.自我成败经验

自我成败经验是对自我效能感影响最大的因素。一般来说，成功的经验能提高个人的自我效能感，多次失败会降低自我效能感。因为成功经验越多，就越相信自己的胜任能力，因而效能期望就越高；失败的体验越多，就越怀疑自己的胜任能力，甚至还会产生"习得性无助"，因而效能期望就越低。

例如，习得性无助的人形成了自我无能的认知，最终导致他们的努力目标是避免失败，而无暇追求成功。他们容易焦虑、恐惧、懒散、怠慢、拖延，或只完成不费力气的任务；他们沮丧，并以愤怒的形式表现出来；他们面临困难时很快就放弃。

2.个人成败的归因方式

个人的成败经验对自我效能感的影响主要通过归因方式实现。如果把成功归因于外部的不可控因素，感觉成功与个人的能力和努力没有关系，就不会增强自我效能感；而如果把失败归因于内部的可控因素，认识到自己有能力弥补不足或过失，就不一定会降低自我效能感，相反，可能还会增强自我效能感。因此，归因方式是直接影响自我效能感的因素。尤其是在一项行动刚刚开始之时的失败，因其不能反映出努力的不足或不利的环境因素，容易使人错误地归因于自己能力的不足。

但不同的人受影响的程度并不一样。对于先前已经具备很强的自我效能感的人而言，偶然的失败不但不会影响其对自己能力的判断，反而能增强其信念。因为他更有可能寻找环境因素，或努力不足和策略方面的可变性内因，相信改进后的策略会带来将来的成功。

3.替代经验

个体自我效能感除了建立在自身成败经验基础上，在很多场合、很多时候还要受周围他人成败的替代经验的影响。人的许多效能期望来源于观察他人的替代经验。也就是说，尽管自身还没有亲自经历或体验某件事情，但周围人的经历或体验会给自己一些触动和启示。观察者与榜样的近似性越高，这种替代经验的影响越大。另外，当一个人对自己某方面的能力缺乏现实的判断依据或知识时，也就是对自身能力不清楚时，这种替代经验的影响力最大。

4.言语劝说

言语劝说实际上就是说服个体相信自己有能力完成某项活动或任务，通过帮助个体回忆自身成功的经验或失败的教训，正确归因，学习他人的替代经验，以及发现个体优势等，使个体相信自己的能力，树立起自信心，进而提高自我效能感。言语劝说包括他人的评价、鼓励、劝说及自我规劝等，因其简便易行、有效而得到广泛应用。值得注意的是，言语劝说的价值取决于它是否切合实际，缺乏事实基础的言语劝说难以令当事人信服，对自我效能感的影响不大。

5.情绪唤醒

放松警觉状态是最佳的情绪唤醒状态，这时个体心身统一，平静安宁，思维活跃，精力充沛且没有威胁和恐惧，因而自我效能感积极而客观。相反，在个体面临某项活动任务时，情绪激动、过度紧张等通常会妨碍行为的表现而使个体降低自我效能感。例如，考试前焦虑过度，个体不仅不会提升成功应试的信心，反而会增加对应试失败的担忧和恐惧，导致自卑，甚至会出现某些心理、生理反应，影响临场正常水平的发挥。

6.情境条件

不同的情境提供给人们的信息是大不一样的。当一个人进入陌生而又易引起焦虑的情境中时，其自我效能感水平就会降低。例如，体育比赛的主场与客场对运动员自我效能感的影响是十分鲜明的；大型考试的提前热身、熟悉环境，在很大程度上就是为了降低情境条件对自我效能感的消极影响。

（四）增强自我效能感的措施

1.寻找积累成功经验的机会

积累成功经验可以使人增强自信，对自己的能力给予积极正面的评价，从而形成较高的自我效能感。个体如果很少经历成功，则会降低自我效能感。所以，采取措施保证成功、减少失败是很有必要的。

（1）任务难度要适中，要求要恰当。如果难度太高，超出个人目前的能力，则易导致失败。

（2）要客观评价任务难易程度。因为评价任务难易程度的主观性很大，所以，成功与否的标准是相对的。不同的人对同一任务的难易程度有不同的评价标准，如果评价标准过高，本来的成功也会被视为失败。

2.提供与个体有相似性的榜样

榜样的力量是巨大的，榜样与观察者越相似，那么榜样的行为结果对观察者自我效能感形成过程的影响就越大。当个体看到与自己水平差不多甚至还不如自己的示范者取得了成功，就会增强自我效能感；看到与自己能力不相上下甚至比自己还强的示范者遭遇了失败，就会降低自我效能感，觉得自己也不会取得成功。但要注意，过高的榜样对大多数人来说不具备学习的可行性，而身边那些从平凡走向成功的人，更能成为学习的榜样，更能增强观察者的自我效能感。

3. 充分运用语言的暗示和劝说功能

暗示是一种特殊的心理现象，是权威者运用语言、行为及所创建的环境对人的心理产生影响的过程。积极的自我暗示和他人暗示可提高自我效能感。当人们被劝说自己拥有完成任务和工作的能力时，他们有可能投入更多的精力努力坚持下来。

要实施积极的自我暗示，除了要确定切实可行的、可分解的学习目标和可操作的学习计划之外，还要注意以下环节。

（1）按阶段设置暗示语。在实施自我暗示前，必须根据自己的情况设置积极的暗示语言，如"我今天一定行！""我明天能做得更好！"等。经过一段时间的暗示训练，当发现自信心有所提高，每天很充实、快乐时，就该考虑重新设置自我暗示语了。这个阶段的暗示语不必那么具体，但一定要根据现阶段的状况提出更高要求。暗示语设置好之后，要熟练地背下来，牢记于心。

（2）实施积极的自我暗示。早上起床，精神饱满地站在镜子前，感受自己的状态。如果感觉不是很清醒，可以先暗示自己"我感觉非常有精神，状态很好！"。然后，看着镜子中的自己一会儿，想象振奋的感觉由内而外散发出来。下一步，伴随一些体态语，大声说出事先想好的鼓励自己的话，声音一次比一次高，每说一次，就会感觉内心的自信和力量增加一些。这样说几遍后，会感觉心情畅快、很轻松、很有劲头儿。每天可以连续说3～5遍。刚开始训练时，需要用自己的意志进行控制，一旦养成习惯，每天就会自然地去做。这样，个体会逐渐成为一个自信、向上的人。

（3）把暗示融入学习、工作及生活中。积极的自我暗示要落到实处，与日常的学习、工作和生活相结合，才能体验到真正的成功与快乐。

4.唤起积极的情绪

（1）增强掌控能力。掌控能力指为有效地应对环境的挑战而做出合理行为的自控能力，是自我激励的重要因素。人越有掌控能力，对事情就越有把握，就越积极乐观。

（2）提升正面情绪。正面情绪不但可以提高人的掌控能力，还有助于培育积极思想。例如，多回忆成功和愉快的经验，能增加人的积极行为。

（3）正向解释。以正面和乐观的思维去理解事情和因果关系，树立积极的人生观。

（4）管理好时间。科学地进行安排计划、设置目标、分配时间、检查结果等一系列监控活动，可提升对实施行为的自信心，从而提高自我效能感。

二、创意自我效能感

创意自我效能感是在自我效能感这一概念的基础上进一步拓展延伸而来的。自我效能感更加强调个体对于自己某一能力的主观感受，突出主观能动性，表明个体对于某件事是否能够做成功的信心程度。所以，自我效能感只有放在某一特定领域中或针对某一能力时才具有真正的意义。而创意自我效能感便是将自我效能感放在创新领域中的产物，简单来说，创意自我效能感是个体对自己创新能力的判断和形成创新产出的信念。

艾伦·艾森斯坦（Alan Eisenstein）和斯蒂文·瓦托尔（Steven Vator）将创造力理论融合到自我效能感当中，首次对创意自我效能感的定义进行了界定，将创意自我效能感定义为个体员工在实际工作或执行某项特定任务时，个体对自身创新行为的能力和信心的评价[①]。对于创意自我效能感水平高的员工来说，他们对于自己在创新行为方面有着很强的自信心，相信自己在面对新问题时能产生新的想法，可以找出解决问题的新方法，也敢于去尝试一些风险比较大的任务挑战。

创意自我效能感也可以被称为创新自我效能感、创造力自我效能感以及

---

① EISENSTEIN A, VATOR S. High levels of creative self-efficacy: distinguishing between artists and nonartists [J]. Journal of Applied Psychology, 1996, 81(6): 681-689.

创造性自我效能感。它是自我效能感理论在创新领域的拓展延伸和具体应用。1977 年美国著名的心理学家阿尔伯特·班杜拉（Albert Bandura）提出了自我效能感的概念，此概念是在对人的动机和行为进行深入研究后被提出的，定义为"个体对自己有没有能力完成某一行为的信念"[①]。而创意自我效能感的产生需要内在持续的动力和自信心去激励个体坚持完成自己的某一创新行为。特别是当个体遇到阻碍时，个体的内在动机就更加强大，从而促使个体去努力完成这一行为。所以创意自我效能感相对于自我效能感来说，是在创新领域的拓展延伸和具体应用。

员工创造力水平的高低直接决定了一家企业创新水平的高低。除了环境因素外，个体本身的一些个人特质也会对其创造力产生一定的影响。因此，在相同的人际信任水平下，每个人所表现出的对创新行为的敏感程度也不尽相同。而创意自我效能感作为员工对自己能否完成创新性任务进行能力评价的一种积极心理活动必然也会对员工创造力产生影响。

对于具有高创意自我效能感水平的员工来说，他们在创新行为方面有着很强的自信心，相信自己在面对新问题时能产生新的想法，可以找出解决新问题的方法，也敢于去尝试一些风险比较大的挑战。也就是说，创意自我效能感高的员工相较于其他员工往往会展现出更高的创造力水平。

同样地，当企业员工都处在一个良好的人际信任关系下，高创意自我效能感的员工相较于普通员工，对创新有更敏锐的嗅觉，会有更多的创新想法并展现出更强的创造力。

在员工创意自我效能感水平高的情况下，组织内的人际信任对员工创造力的作用会被强化；反之，低水平的员工创意自我效能感会弱化组织内的人际信任对员工创造力的影响。

[①] 班杜拉. 自我效能 [M]. 缪小春，李凌，井世洁，等译. 上海：华东师范大学出版社，2022：63.

三、自我效能感的影响

（一）对青少年学业成就的影响

1.主观幸福感与自我效能感

对主观幸福感和自我效能感之间关系的研究很多，包含年龄范围较广。

初中生的一般自我效能感，除了对健康担心的因子外，和主观幸福感呈正相关关系。高中生的主观幸福感和一般自我效能感之间呈显著的正相关关系。高中生的一般自我效能感越高，主观幸福感水平就越高，其心理健康状况越良好。大学生的一般自我效能感总分与主观幸福感总分具有显著的正相关关系，说明个体有好的自我效能感，就拥有相对高水平的主观幸福感。同时，自我效能感可以对主观幸福感进行一定程度的预测。

2.自我效能感与学业成就

个体的自我效能感与学业成就密切相关。个体的目标期望和完成任务时的策略受到自我效能感影响，这也就使个体取得成就的过程及成就结果直接受到影响。同时个体过去取得成就的结果和获得成功的经验，又会作用于个体的自我效能感和成就目标的设定。可以说个体的自我效能感与学业成就相互影响，可以互为因果。

自我效能感与学业成就两个变量之间存在正相关的关系。个体的自我效能感较高时，学业成就也会相对较高；而个体的自我效能感较低时，学业成就会被影响从而明显下降。过去成就状况对自我效能感和当前成就的影响，要大于当前成就状况对自我效能感和未来成就的影响。

3.青少年的自我效能感

初中和高中的青少年自我效能感大体为中等水平以上，同时还有很大的提升空间。青少年自我效能感呈现出这种现象，可能是因为青少年正处于青春期，这一阶段他们的自我意识和独立意识逐渐加强，在心理上每时每刻都有一种想法，即摆脱成人控制或帮助，并认为自己可以独自完成学业任务。有时可能因为逆反心理的作用，他们会故意去违背他人的建议，获得失败的经验，导致自我效能感降低。同时现在的初高中学生相对成熟得早，随着网络时代的高速发展，他们接触的东西多且杂，会分散他们的注意力，但也拓宽他们的知识面，这就给青少年增加了不少成就感。

初高中学生的学习能力存在明显的差异性，在学习行为维度和总自我效能感方面差异非常显著，且都是初中生高于高中生。初中生可能因为经历的失败较少所以自我效能感水平较高，而高中生的学业更为困难，任务的困难程度大在一定程度上会导致自我效能感的降低。学习能力和学习行为在一定程度上是相互影响的。同时个体感受到任务的困难程度显示了学习能力的高低，感受任务的困难程度越高，学习能力会越低。自我效能感低的人会选择回避的方式，不去求助他人，不能及时解决问题，会进一步产生学习焦虑的情绪，甚至会进入学业倦怠的状态，产生不良学业情绪，最终危及学业的发展。在教学实践过程中，教师要对学生的学习能力和学习行为重视起来，培养学生的自我效能感，让学生主动探寻积极的学习方法，培养学生的主动正确的学习习惯，促使青少年的学习能力、学习行为、自我效能感能够进一步得到发展。

4.重点关注青少年心理发展

重点关注青少年的心理发展，倒不是说不关注学习和考试，因为学业成就高低毕竟是衡量一个学生是否称职的重要标准。青少年大部分时间都在为自己的学业成就努力着，所以家长、教师在对青少年学习关注的同时，还应该对他们的心理发展和主观幸福感给予足够的重视，因为主观幸福感不仅反映了青少年对生活的满意程度、身体状态、心理健康水平，还反映了青少年的自我效能感、自我同一性和自尊的发展状况，同时也可以间接地反映他们的学习状况。只有主观幸福感保持较高水平，青少年才能很好地投入到学习中。同时，在青少年初中时期，应重点关注他们的自尊和自我同一性的发展；在青少年高中时期，应重点关注他们的自我效能感的培养。

（1）培养青少年的自我调整能力。青少年的自我效能感、自尊、学业成就、自我同一性和主观幸福感这几个变量在不同程度上受到人口统计学变量的影响。针对不同的情况，如不同年级的学生学业压力问题，居住地不同的学生的上学问题和城乡生活差异问题，独生子女自己的父母又有小孩产生心理落差的问题，父母离异带来各种生活中的不便等问题，青少年在进行社会比较时，要多做横向和纵向的比较，就会发现生活并没有那么不如意，自己拥有别人所没有的优点，并且在实现自己的目标的过程中可以获得幸福快乐还有自身的进步。青少年身边出现各种问题时最主要的是要自我调整心态，这样，他们不但学业成就有所提高，还能养成积极乐观的心态，促进自身的身心健康发展。

（2）加深对心理健康教育课程的研究。随着经济水平、生活质量的不断提高，个人的心理健康教育受到国家的重视，越来越多的中小学开设了心理健康教育这门课程。但是因为国内心理健康教育的历程较短，心理健康教育研究者应该加深对"心理健康教育"校本课程的研究开发。教师应该关注青少年的主观幸福感、自尊、自我同一性的发展状况，这关系着他们的心理健康状况，关系着他们未来的生活状态。教师应当引导青少年，让青少年对自己的学习能力和学习行为有正确的评价。拥有好的学习能力和主动且有效的学习行为是获得好的学习成果必不可少的要素。青少年应明白如何去学习，怎么去学习，学会学习，努力去达成自己设定的近期目标，在这一过程中他们将收获满满。只有这样有所作为，他们才能毫无遗憾地度过自己的学生生涯。教师要与家长相互沟通，共同努力，对青少年及时疏导，引导学生对自己的生活、学习有正确、积极的认识。

不论是初中生还是高中生，自我效能感、自我同一性获得状态和延缓状态、自尊、主观幸福感对学业成就的影响均存在中介作用。高中生主观幸福感对学业成就直接作用更大，中介变量自我效能感对高中生影响更大，中介变量自我同一性与自尊对初中生影响更大。

（二）对员工的影响

自我效能感理论自班杜拉提出以来，获得了多个领域的认可，学者对其开展了广泛的研究，主要集中在教育、职业指导、体育运动、健康心理学等领域。而自我效能感在组织管理领域中的研究主要集中在其对员工的态度、行为以及绩效等方面的影响。

员工态度方面，吉斯特（Gist）与米切尔（Mitchell）认为自我效能感受到个性、动机、任务以及技能水平的影响[①]。福特（Ford）研究创新行为理论时

---

① GIST M E, MITCHELL T R. Self-efficacy: A theoretical analysis of its determinants and malleability [J]. Academy of Management Review, 1992, 17（2）: 183-211.

发现，自我效能感是员工创新行为的内在动机①。罗伊尔（Royle）则发现自我效能感对责任心与组织公民行为的关系有正向调节作用②。周明建、侍水生等使用 244 份问卷数据，验证了员工的自我效能感在人—岗匹配和员工工作态度之间起到部分中介作用③。

绩效方面，康格尔（Conger）证实了自我效能感在授权与工作绩效之间的中介作用④。孟慧、宋继文、孙志强与王崴的研究表明，自我效能感在变革型领导、工作绩效与工作满意度之间都起到部分中介作用，核心工作特征则通过自我效能感的中介作用调节变革型领导与工作绩效之间的关系⑤。

自我效能感对创造力的影响得到了广泛的关注。张红琪、鲁若愚与蒋洋以 375 名员工为对象，研究了自我领导、自我效能感对员工创新行为的影响，发现自我效能感对员工创新行为具有显著的正向影响，而自我领导以自我效能感为中介间接影响员工创新行为⑥。曹威麟、谭敏与梁樑的研究亦发现，一般自我效能感在自我领导与创新行为之间起到中介作用⑦。另外，冯旭、鲁若愚与彭蕾分析服务型企业的 336 名员工的问卷数据，发现自我效能感一方面对创新行为有直接的正向影响，另一方面还通过内部动机和外部动机的中介作用，对创新行为产生间接的正向影响⑧。

---

① 福特.亨利·福特自传 [M].崔权醴，程永顺，译.北京：中国书籍出版社，2021：85-98.

② 马丁纳.改变，从心开始 [M].胡因梦，译.北京：华文出版社，2018：15-27.

③ 周明建，侍水生.领导—成员交换差异与团队关系冲突：道德型领导力的调节作用 [J].南开管理评论，2013（2）：10.

④ 马森，康格尔，凯根，等.人类心理发展历程 [M].孟昭兰，等译.沈阳：辽宁人民出版社，1991：116.

⑤ 孟慧，宋继文，孙志强，等.变革型领导如何影响员工的工作结果：一个有中介的调节作用分析 [J].心理科学，2011，34（5）：1167-1173.

⑥ 张红琪，鲁若愚，蒋洋.服务企业员工自我领导对创新行为的影响研究——以自我效能为中介变量 [J].研究与发展管理，2012，24（2）：94-103.

⑦ 曹威麟，谭敏，梁樑.自我领导与个体创新行为——一般自我效能感的中介作用 [J].科学学研究，2012，30（7）：1110-1118.

⑧ 冯旭，鲁若愚，彭蕾.服务企业员工个人创新行为与工作动机、自我效能感关系研究 [J].研究与发展管理，2009，21（3）：42-49.

第三节　交流：和谐人际关系的建立

一、和谐人际关系的概述

（一）和谐人际关系的交互作用

人作为主动的个体，对周围环境不是被动地接受，而是在与环境的交互作用中成长着的。这种交互作用体现在以下三个方面。

1. 反应的交互作用

这种交互作用指的是对同样的环境经验，不同的个体有不同的反应，这一点强调了个体之间的差异性。处于同样的人际环境中，外向的人比内向的人能够更多、更频繁地与周围人交流和沟通，也能够从与周围人的往来中获取更多的信息。因此，要想拥有和改变人际关系，应该从拥有良好的人格和改变自身的特点出发，不要被动地等待别人垂青。

2. 唤起的交互作用

唤起的交互作用是指不同的个体可能会唤起不同的环境反应，也就是说个体的一些人格特征和行为会引起周围人对他的不同反应。最典型的例子就是一些调皮捣蛋的学生往往比那些安静而听话的学生得到更多的关注。因此，要想在人际交往中赢得对方的好感，在很大程度上要改变自己的行为和表现，以一种能够被对方接受和喜爱的方式来赢得别人的友情。

3. 超前的交互作用

这里强调的是个体会主动选择并且改变、创造自己所喜欢的人际环境，而这些环境又反过来进一步塑造其人格和个性。在生活中，人们常常发现两个朋友性格比较相近，甚至还有一些夫妻被认为有"夫妻相"。这样的现象用心理学的理论来解释，就是一个人往往会选择与他具有相近的性格特征的人做朋友或恋人，而这种朋友关系和人际环境又反过来进一步强化他的这种性格。由此可见，人们是可以通过自己的行为和个性来创造一种健康、舒服的人际环境的，并不是要坐着等一切来适应自己。

（二）和谐人际关系的特点

1.社会性

人际关系的本质在于它的社会性，因为人的本质是社会人，人际关系也总是在社会中得以建立和发展，任何人际关系都会被打上社会的烙印。人际关系只有通过个体与个体之间的联系才能实现，而这种联系必须是友善的、和谐的，反之，敌对的联系有害于社会交往和人际互动。

2.复杂性

由于个体与个体之间不尽相同，人际关系也就表现得千差万别、错综复杂。人并不是简单的、单面性的。每个人都有各种特点，有一系列竞争的欲望，有众多的经历，还有各不相同的抱负。当我们同他人建立关系时，我们的多面性同其他人的多面性相互产生着影响。人际主体的多面性造成人际关系的复杂性。另外，人际角色的多面性、人际向量（人际交往的频率和层次、交往需求的质和量）的多面性也增添了人际关系的复杂性。人际关系的复杂性决定了和谐人际关系也绝非简单。

3.心理主导性

和谐的人际关系是以个体心理为主导的，不但以关系主体的心理需要为前提，而且以彼此是否获得心理满足的主观感受为尺度。于树元认为，如果主体双方或某一方没有结成关系的心理需要，也就不可能形成某种人际关系；虽然双方都有结成关系的需要，但双方或某一方的心理感受不同，结成的人际关系也不同；如果双方都能强烈地感受到心理满足，就会结成亲密和谐的人际关系；如果双方或某一方感受不到心理满足，人际关系就会疏远，甚至会发生冲突和对抗。个体心理倾向主要包括认知、情感和行为三个方面，其中，情感在人际交往中起着非常突出的作用。主体之间相互喜爱的程度不仅决定人际交往的选择、交往的频率，还决定人际关系的质量，所谓情投意合就是如此。

心灵相通是架设和谐人际关系的桥梁，建立和谐人际关系就必须给予对方更多的爱。

4.互惠性

互惠是和谐人际关系持续的基础，人际关系的和谐程度，常取决于需要的满足程度。倘若彼此交流互动的结果使双方的需要获得满足，则彼此间的关系必然向和谐、亲密更进了一步；反之，双方的关系势必会走向不合、疏离甚至对立。例如，如果关系和谐、亲密，会使双方获得愉悦的体验；如果关系不和谐或疏远，会使双方感到不快、陌生或敌对。

（三）和谐人际关系的三种角色

1.父母角色

父母角色以权威和优越感为特征，具有积极和消极两方面的作用。其行为表现为凭主观印象，独断独行，滥用权威。

2.成人角色

成人角色以客观和理智的行为为特征，既不会感情用事，也不至于以长者姿态主观地省事度人。其行为表现为待人接物冷静，慎思明断，尊重他人，知道行为的结果。

3.儿童角色

儿童角色特征是婴儿式的冲动。其行为表现为无主见，遇事畏缩，感情用事，易激动愤怒。

二、营造和谐的人际关系

（一）营造和谐人际关系的两种心理准备

从心理需求上看，爱是人存活在世界上的一种基本需要。没有爱，人的精神世界就会萎缩，生命也会变得"无色无味"。如果对过往的美好时光不能心存感激和欣赏，对过去的不幸夸大其词、念念不忘，人们将得不到平静、满足和满意的感觉。

1.感恩

滴水之恩，当涌泉相报。感恩是一种生活态度，是一种善于发现生活中的感动并能享受这一感动的思想境界。感恩父母，感恩家人，感恩朋友，感恩生活，感恩逆境和敌人……感恩是一种处世哲学，是生活中的大智慧。人生在世，不可能一帆风顺，种种失败、无奈都需要我们勇敢地面对、旷达地处理。

生活中有很多值得感恩的事，只要有一双善于发现的眼睛，就会发现，与亲人或朋友相处的美好时刻、来自爱人的亲吻、一部好电影、一顿美食，都是那么值得珍惜。用一些时间对生活感恩，可以让人们发现、重温并认真地欣赏和体会那些稍纵即逝的美好与感动。感恩是对生命恩赐的领略，是对生存状态的释然，是对现在拥有事物的在意，是对有限生命的珍惜，是对赐予生命的人的牵挂。快乐源于内心，简单让人纯净。假如有一颗感恩的心，人们会对所遇到的一切都抱着感激的心态，这样的心态会使人们消除怨气。除了发现和搜集美好，还要记得，不要让无谓的忧虑吞噬了感激之心。

2.宽恕

对过去的感觉，无论是满意、骄傲，还是痛苦、羞愧，都取决于人们的记忆。宽恕他人的过错，常怀着一颗感恩的心能增加生活的满意度，这是因为它将过去好的记忆放大了。

（二）营造和谐人际关系的交往技巧

1.自我表露

自我表露是人际关系中一个很重要的因素，自我表露就是跟对方讲心里话，坦率地暴露自己的内心世界。经常自我表露的人是心理健康的人，自我表露是自我实现的人所必备的品质。也就是说，一个人如果能向一两个知心朋友讲心里话，进行自我表露，这个人就是社会适应良好的人。当然，过多的自我表露和过少的自我表露都是不健康的。自我表露与人际关系的联系非常密切，是信任的基础，是人际关系建立的必要条件。

自我表露是分等级的，由浅到深，由表及里，大体上与人际关系发展的水平是重叠的、平行的。两个人刚见面，当然是互相敷衍，表面化地自我表露，讲兴趣爱好，如饮食习惯、喜欢看什么电影；然后自我表露对事情的看法、态度，这说明两个人关系很好了，自我表露很深刻；再接下去友谊的发展进入自我概念与个人人际关系的状况，就聊一些自己的自卑情绪——自己哪些地方是有缺点的以及哪些地方不如人家，聊家里面的关系——父母亲对我怎么样，兄弟姐妹对我怎么样等话题，那么对方跟你的关系就一定是很好了；到最后一个阶段，连隐私方面都讲，如说个体的性经验、谈过几次恋爱，说明这两个人是两肋插刀的朋友。总之，自我表露与人际关系的发展是平行的。

虽然自我表露说起来很简单，但是对于很多人来说，常常无法做到向别人袒露自己的心事。其实，只要掌握以下几个小方法，做个快乐的表露者并不难。其一，注意观察周围的人，看看那些被大家喜欢和欢迎的人是如何与人交往的，看看其中是不是有些小技巧，不妨自己学来用用。其二，事先想一些聊天的主题。如果常常不知道和别人谈些什么，那么可以在平常多了解一些资讯，可以是新闻时事，也可以是娱乐生活方面的信息，并且有自己的看法。这样，当别人聊天的时候，就可以很快加入了。其三，找到自己的兴趣群体。如果有一些兴趣爱好，如登山、旅游、赛车等，可以找一些相似的群体一起交流，说出自己的看法，不要管对与错。当然，在表露自己的时候，还可以用一些言语和肢体表情，如扬起眉头、直视对方等，这些都会增强自我表露的效果。

2.善于倾听

自我表露固然重要，但是人与人的交往是一个双向的过程，如果只是单方面地"锋芒毕露"，不仅不能拥有良好的人际关系，常常还会产生相反的效果。此外，倾听的过程也是一个与人分享的过程，不仅可以增进彼此的感情，还可以产生与他人共情的愉快。因此，倾听是一门重要的交往艺术。

倾听不仅仅是付出自己的爱与关怀，倾听者也能够感受到他人的喜爱和尊重，所以倾听是个体重要的快乐源泉。多聆听别人说话，少表现自己。人们都喜欢受到别人的尊重，都喜欢表现自己。在别人说话的时候，如果不插嘴，时而给他一个微笑或是对他说的话加点评论，别人就会认为受到了尊重。

一般的听是指听而不闻，听不出所以然来，一只耳朵进一只耳朵出，而倾听则是积极地听，听出说话的含义而不只是声音刺激，并且需要解释、记住声音的刺激。倾听还有积极的倾听和消极的倾听之分。消极的倾听就是人坐在那里，把声音听进去，但是不去思考。显而易见，促进良好人际交往，需要的是积极的倾听。积极的倾听有四项基本要求。一是专注，也就是全神贯注，要完全了解说话者的意思到底是什么。二是共情，需要站在说话人的立场了解沟通者的意思，感同身受。站在对方的立场上理解他为什么说这个话，他有什么情绪。从说话者的立场来看待世界，这样的沟通才是有效的沟通，因为听者可以根据对方的心理做反应。三是接纳，意思是客观地倾听而不加以评价，听其含义，不但要听内容而且要听内容背后的意思。四是完整，不是听一两句话，而是要听整个内容。

3.语言幽默

幽默是语言的调味品，它可使交谈变得生动有趣。幽默是一种善意的微笑，这种微笑是一种高雅的会意过程，可以使人养成一种优秀的品质。这不仅是因为幽默体现着一个人的处世哲学和机智聪敏度，还因为幽默具有强大的感染力和影响力，能够创造一种轻松自由的环境气氛，成为人际交往的润滑剂。

幽默是人们进行社交、进行沟通的桥梁。幽默的特点就是让人发笑、使人快乐，把这一特点运用到社交生活中，会取得令人叹为观止的效果。

幽默的难能可贵之处还在于，不是每个人都生而具有幽默感。但是人们可以通过学习，提升自己的幽默感。以下是提升幽默感的三种方法。

第一，把只属于自己的故事写进日记。具体做法是，审视周围，找出日常生活中认为好笑的事，以及和谐的事件，将它们写进日记。此外，还可以回忆一天的经历，挑出几件事情记录下来，然后拿它们来发挥，给它们"变形"，改变它们的方向，直到从中发现一些幽默。坚持一段时间，大脑就会养成一种模式——找到生活中好笑事情的模式。

第二，观察幽默的人，并向他们学习。当观察幽默的人时，因为镜像神经元的作用（它们的作用就是，如果有人对自己笑，通常自己一定会对他们笑，原因是大脑有个部位，在笑时就会亮起来），人们能从他们身上学到幽默的一些规律。这就好比在电视上看不擅长运动的人，人们也会变得不擅长运动；反之，如果看擅长运动的人，人们也会变得擅长看到的这种运动。同理，当观察幽默的人时，也会有同样的结果。

第三，允许自己当一个次等人。亨利·柏格森（Henri Bergson）认为，面对很悲伤的事情时我们要暂时麻醉自己的心，办法就是尽量让自己变"小"①。

① 柏格森.思想和运动 [M].杨文敏，译.北京：北京时代华文书局，2018：95.

如果人们不允许自己当一会儿次等的人，就等于不允许自己有人类的缺点，就是不承认有本我冲动。应该多打破模式，当打破模式的次数越多，就越能看到一个情况里的多种可能性。

4. 注重交往的细节

能够主动交往的人往往能够拥有比较自如的人际关系，这种关系中的主动性会给人一种很大方、积极的感觉。此外，还须注意举止、言谈、衣着要合乎规范，给人以良好的第一印象。第一，待人诚恳、热情，谈话保持微笑，即使是在电话中也应适度地赞美和妥善地批评。第二，和他人交流的时候应该看着他的脸，不要东张西望，否则会让人以为不把他当朋友。第三，微笑待人。微笑是全世界共同的语言，它能传递你的温暖。时常给他人微笑，他人会觉得你很友好。第四，要会赞赏别人。在适当的时候赞赏他人，会令人感到愉快，但是不能过多，以免有"拍马屁"之嫌。第五，关心他人。对有困难的人经常去问候一下，他人会认为受到了关注，就愿意交往。第六，记住对方的名字。如果和对方第一次交往，一定要记住他的名字，在第二次交往时还能叫出他的名字，对方就认为受到了关注。

5. 控制自己的情绪

在青少年时期，易冲动是一个很明显的特征，有些人会因为无法控制住自己的脾气而得罪很多人，虽然事后后悔不迭，但是常常"覆水难收"。此外，情绪失控对于自己的健康影响也很大。人在生气的时候，体内的免疫细胞的活性下降，人体抵御病毒侵害的能力减弱，因此容易受到病毒的侵入，导致疾病。另外，人在情绪不好的时候，体内还会分泌出一种具有毒性的荷尔蒙，这种荷尔蒙聚积起来，会形成和漂白粉一样的分子结构，对人体产生不利的影响。时间一长，人容易患上慢性病甚至癌症。

6. 增加幸福感知力

增加幸福感知力也有助于建立亲密的人际关系。人们总是对不幸的事情很敏感，对幸福的事情缺少感知力，非常健忘。事实上，在一段健康的关系中，双方必须擅于持续发掘对方的优点。如果双方不懂得相互欣赏，那么双方关系过了亲密期就会处于螺旋式下滑的态势。如果双方都是理所当然地接受对方的优点，而不去试图增加自己的幸福感知力，那么双方的好感就会不断贬值。

7.把握适当的人际距离

社会心理学有一个术语叫人际吸引，是个体与他人之间情感上的亲密状态，是人际关系中的情感距离。人际吸引分为三个档次：第一个档次是亲和，就是合得来；第二个档次是喜欢，是中等程度的吸引；第三个档次是爱情，是人际吸引最强烈的形式。增进人际吸引的第一个影响因素是类似性，就是和别人在价值观、特点等方面有种种相似的地方。有一句俗话叫"物以类聚，人以群分"，人和人之间越相似，越容易增进人际关系。人们可以看到很多类似性，如出生、地域、爱好、衣着、态度的类似性，更重要的是价值观的类似性——对事物看法的类似性。第二个影响因素是互补性。互补性就是双方在气质、性格上都各有优缺点，彼此之间可取长补短，互相满足对方的需要，从而导致吸引的现象。例如，人们在现实生活之中看到脾气暴躁的人和脾气随和的人会友好相处，独断专行的人和优柔寡断的人能成为好朋友，活泼健谈的人和沉默寡言的人会结成亲密伙伴，这就叫作互补性。

人际距离体现在物理距离上，指的是两个人的房子的距离是不是接近、两个人的办公室是不是接近、两个人的宿舍是不是接近、两个人的铺位是不是接近、两个人在教室中的座位是不是接近。这在人际关系中是一个非常重要的决定因素，并且一般来说人们觉察不到它的影响。物理距离的接近，必定增加偶然接触的机会，而偶然接触机会的增加必定增加彼此认识、了解的机会，最终增加互相喜欢的概率。如果两个人连接触都不接触，那肯定是不能成为好朋友的。

人际距离还体现在交往的频率上。它是指在交往初期，交往次数越多越容易形成共同的体验、共同的话题和共同的态度，越容易形成良好的关系。特别是对于素不相识的人，交往的频率起着重要作用。人们要意识到，周围的人际环境是可以选择和创造的，因此，不要抱怨身边没有朋友，也不要等待别人来和自己交往。如果想拥有一个属于自己、适合自己的良好人际环境，只需要站起来，和别人打声招呼，说声"你好"，一切就是这样简单。而在交往中期，需要保持适当的距离，再亲密的关系也需要距离。适当的距离是亲密关系存在的保证。一些人可能喜欢花十几个小时与他人在一起，而另一些人可能只愿意花几个小时。这种差异并没有对错之分，只是体现了个体差异罢了。每个人都不必强迫自己去刻意经营亲密关系，也不必刻意给人留下善于交际的印象。人们应该做的是根据自己每次交流的体验，控制好与亲密友人交流的时间与频率。

（三）建立和谐人际关系的四个原则

要建立良好的人际关系，需要遵守四个原则。

1. 互相信任原则

人际关系是互动的，和谐人际关系的基础是彼此之间的互相重视和支持，这是前提条件。人际关系一定是互相尊重、互相信任的，这样双方才能够搞好关系。

2. 社会交换原则

人们在交往中总是在交换着某些东西，或者是物质，或者是情感，或者是其他。人们都希望交换对于自己来说是值得的，希望在交换过程中得大于失或至少等于失。不值得的交换是没有理由的，不值得的人际交往更没有理由去维持，不然人们就无法保持自己的心理平衡。所以，人们的一切交往行动及一切人际关系的建立与维持，都是依据一定的价值尺度来衡量的。

正是交往的这种社会交换本质，要求人们在人际交往中必须注意，让别人觉得值得与自己交往。无论怎样亲密的关系，都应该注意从物质、感情等各方面来"投资"，否则，原来亲密的关系也会慢慢变得疏远，使人们面临人际关系的窘境。人们在和谐"投资"的同时，还要注意不要急于获得回报。

现实生活中，只问付出、不问回报的人只占少数，大多数人在付出后而没有得到期望中的回报时，就会产生吃亏的感觉。心理学家提醒人们，不要害怕吃亏。一方面，人际交往中的吃亏会使自己觉得自己很大度、豪爽，有自我牺牲的精神，重感情，乐于助人等，从而提高了自己的精神境界。这种强化也有利于增强自信和自我接受。这些心理上的收获，不付出是得不到的。另一方面，天下没有白吃的亏。人们交往的大多数人无非普通人，他们在人际交往中都遵循着相类似的原则。所给予对方的，会形成一种社会存储，而不是消失，一切终将以某种意想不到的方式回报给自己。并且，这种吃亏还会赢得别人的尊重。

在不怕吃亏的同时，人们还应该注意，不要过多地付出。过多地付出，对于对方来说是一笔无法偿还的债，会给对方带来巨大的心理压力，使人觉得很累，导致心理天平的失衡。这同样会损害已经形成的人际关系。而对于把握交往的分寸来说，就是要把握好交往对象的多少和交往周期的长短。

3. 自我价值保护原则

所谓自我价值，是指个人对自身价值的意识与评判。而自我价值保护，则是指人为了保持自我价值，心理活动的各个方面都有一种防止自我价值遭到否定的自我支持倾向。一个人生存在世，价值是其安身立命的根本。失去价值感，人生就失去意义，人甚至会感到生不如死。而人在任何一个时期的自我价值感，都是既有的、一切自我价值支持信息的总和。由于人们的自我价值感依赖于外界自我价值支持信息，当外界有关人们自我价值的参照信息出现变化时，个体的自我价值感也会出现相应变化。这一点已经被大量有关自尊心的社会心理学研究所证明。个体寻求自我价值确立的需要，会使人尤其敏感于自我价值支持信息的改变。

人们要培养良好的人际关系，要遵循一条原则，就是各方都有一种自我支持倾向，都倾向于保护自己，使自己的自我价值不受到贬低、否认。所以尊重是搞好人际关系的前提。无论何种人际关系，尊重他人是必须的。

4. 平等原则

人际交往要使对方感到安全、放松、有尊严。要学会从内心深处去尊重他人，首先，必须能客观地评价别人，能找得出别人的优点。人们会发现室友、同学、学长以及其他人的身上都有令人佩服、值得尊重的闪光之处，要发自内心地去欣赏和赞美他们，在行为上以他们的优点为榜样去模仿他们。这时人们就会发自内心地去尊重和欣赏他人，也就达到了处理人际关系的最高境界。换个角度想，若有人对自己有发自内心深处的毫不虚假的欣赏和尊重，自己肯定会由衷地喜欢他们并与他们真诚相待。

当然人的弱点之一就是希望别人欣赏、尊重自己，而自己又不愿意去欣赏和尊重别人。人是非常容易看到别人的缺点而很难看到别人的优点的，所以必须克服这些人性的弱点。客观地观察别人和自己，就会惊奇地发现，原来自己还有许多不足，而身边的人都有值得学习、借鉴的地方。人们不能因为别人有一点比自己差就去否定别人，而是应该因为别人有一点比自己强而去欣赏和尊重他人、肯定他人。世上所有接触到的人，人们只要仔细观察，总可以找出他们的优点来。但一些人认为自己怀才不遇，他们看到其他人一点点不如自己的地方便认为别人不如自己，从内心看不起人，私下抱怨，在工作、生活和学习上不配合，结果连人际关系都处理不好，这种人必然会自食其果，在社会中很难生存。

用欣赏人、尊重人的方式去处理人际关系有许多好处：其一，成本最低，不用花费金钱去请客送礼，不用伪装自己去浪费感情；其二，风险最低，不必担心当面奉承背后忍不住发牢骚而露馅儿，不必因为讲假话而提心吊胆、寝食难安；其三，收获最大，因为能真心尊重和欣赏别人，便会去学习别人的优点，克服自己的缺点，使自己不断地完善和进步。一个懂得用欣赏、尊重处理人际关系的人会过得很愉快，别人也会同样欣赏和尊重他。

第六章　创新型体验式心理实验室

第一节　感受性认知：情绪矫正与心理辅导

一、积极心理治疗概述

（一）积极心理治疗的原则

长期以来，心理治疗一直存在一种病理性治疗模式的倾向：把自己的工作重点完全放在对患者的问题的评估和治疗上，侧重研究一些外在的紧张性刺激给患者心理所带来的消极影响。但是培养人的积极力量和积极品质是心理治疗效果较好的深层战略，这一深层战略主要包含以下三个原则。

一是慢慢灌输的原则。心理治疗绝不可能像治疗身体疾病那样药到病除，或干脆通过外科手术切除病变的部分。心理治疗更主要的是改变一种态度、一种生活方式，它一定是一个慢慢积累的过程。

二是培养积极力量的原则。心理治疗应把重点放在对患者积极力量的培养上，而不只是帮助患者简单地学会一些摆脱问题的技能，只有培养个体的积极力量才能尽可能抑制个体心理问题的产生。在所有积极力量的培养方面，心理治疗尤其要着重培养勇气、人际交往技能、理性思维能力、洞察力、乐观主义、诚实正直、坚持性、现实主义、获得快乐的能力、多层面看待问题的能力和寻找目的意义的能力，使患者对未来充满希望。

三是叙事的原则。每个人每天的生活都是由许多偶然的事件组成的，其中存在一定的混乱。叙事过程其实是个体按照自己的价值标准和外在的社会标准来梳理自己混乱生活的一种过程。在这个过程中，由于叙事是个体的一种主动建构，个体就会逐渐凸显出自己的主体性，从而把自己的希望和现实有效地结合起来。不过要注意的是不要把叙事作为心理治疗中的一个主要原则，心理治疗中的主要原则应是有效地培养个体的积极力量和积极品质。

积极心理治疗反对过去以问题为核心的病理性心理治疗，它提倡心理治疗应把自己的注意力集中在培养和增进人自身的各种积极力量上，倡导用一种积极的心态来对个体的心理或行为问题作出新的解读，并在此基础上通过激发个体自身的内在积极潜力和优秀品质来使个体成为一个健康人。其核心是让患者自己通过累积或发展自己的积极力量来摆脱心理问题，或者是抑制心理问题的产生。积极心理治疗有一个预设：患者既有生病的能力，也有健康的能力，治疗者的根本任务是激发和巩固患者获得和保持健康的能力，而不仅仅是消除患者所存在的问题。

（二）积极心理治疗的方法

1.来访者中心疗法

来访者中心疗法最初被称为非指导性疗法。来访者中心疗法的核心理念是强调发挥人的自我实现功能，其在操作上的最大特点是将人类的核心积极品质，如真诚、接纳、移情等，应用于改变人类的行为。

来访者中心疗法的目标来自患者自己对自我深刻理解基础上的人格成长。这种目标强调以自我指导为主，而不是过多地考虑他人或取悦他人。心理治疗师并不为患者选择要达到的目标，而是营造一种良好的治疗气氛。患者在这种气氛中变得更加关注自我，因而也就能产生变得更加完善的动力和愿望。这种愿望最终会使患者产生积极的思想和行为目标。

2.现实疗法

现实疗法是建立在控制理论的基础之上的，强调个体应承担选择的责任。现实疗法假设每一个人都有四种最重要的需要——归属、力量、自由和快乐的需要，而现实生活中的人都可以对自己的生活、行为、感受和思想负责，都可以选择对自己有利的行为。因此，现实治疗师更关注患者可以做些什么来积极地改变主体当前的面貌，即使在谈论错误时也采用积极的态度，要使人产生一种"积极沉迷"。积极沉迷是相对于消极沉迷而言的。消极沉迷是指一个人对消极的东西产生了依赖感，如毒品、暴力、抑郁等，而积极沉迷就是指一个人迷恋用一种积极的态度或方式去对待生活中的一切。当一个人陷入积极沉迷之后，他就会在积极沉迷停止时产生不舒服的感觉。

现实疗法主要有三个特点。

（1）反医学模式。现实疗法认为所谓的"精神分裂症""抑郁性精神病"

不是人对外部事件的心理反应，而是人试图控制自己周围环境或事件的一种主动选择，其目的中一定包含某种积极意义。尽管许多时候这种选择收效甚微，但这种选择反映了患者要控制自己生活的一种意愿。所以心理治疗应该是在保护患者积极力量的同时，促使他提高自我认识，从而作出正确、适当的选择。这就是说，不能把患者存在的问题看作一种客观的因果必然，问题其实是一种主观现象，是主体控制不当的结果。

（2）强调自己决定自己。由于患者的问题是自己选择的结果，因此，在描述患者心理问题时，威廉·格拉瑟（William Glasser）反对用形容词来描述，如不用抑郁的、愤怒的、焦虑的、恐慌的等词，而是强调用动词来描述，如抑郁、愤怒、焦虑、恐慌等词。因为动词意味着包含主体的主动行动和主动选择，这突出了主体的自主性和自我决定性[①]。格拉瑟以此种方式来说明患者是自己决定自己的，这一方式暗含着患者也可以有另一种选择来实现其另一种状态的意思，这就为他的现实疗法打下了基础。

（3）强调个体同一性的获得。现实疗法强调个体在主动选择过程中必须承担起行为的责任，因此个体必须在众多应对环境的方式中寻求一种最为有效的应对方式。这种方式的一个最大的特点是具有个体同一性，也就是说，这种方式使个体在最大限度地满足自己的四种需要的同时又不对他人造成妨碍。

（三）积极心理治疗的基本理论

积极心理治疗主要致力于提高被治疗者的现实能力，而现实能力主要可以分为两种基本能力：认识能力和爱的能力。积极心理治疗认为，人的心理疾病是这两种基本能力在不同的文化条件下分化为每个人的现实能力时发生冲突的结果。

（1）激发人的认识能力（第二能力）。人的认识能力包括准时、清洁、条理、服从、礼貌、诚实、忠诚、正义、勤奋、节俭、认真等。人的认识能力是人们在日常生活中用来表达自己的看法或对他人作出评价的能力，伴随着这种看法和评价，主体就会产生相应的体验。人的认识能力又有四种具体形式，即

---

① 格拉瑟.选择理论：现实疗法创始人带你走出心理困境[M].郑世彦，译.南昌：江西人民出版社，2017：106.

感知（感知觉能力）、理性（也就是基于思维的理性能力）、学习（在已有经验传统基础上的学习能力）和直觉（灵感能力）。在日常生活中，许多人的心理疾病主要是由以上四种认识能力发生偏差而导致的，也就是人的认识能力紊乱的结果。人在生活过程中，总是对关于周围世界和关于自己的事件作出一定的因果解释，而这种解释的总趋势是保持因与果的合理一致性。因此，心理治疗要致力于帮助患者抛弃对自己古怪行为的传统认识，取而代之的是使患者建立起一种积极认识，并使患者在日常生活中对这种积极的解释抱有始终的坚定性。在这一过程中，积极心理治疗主要采用两种方法。

第一，积极心理治疗主要以跨文化的方法来对有关的心理问题作出积极解释，从而使患者能感受到自己古怪行为的合理化、正常化的一面。积极心理治疗在使患者获得积极认识时强调患者的自助，即患者通过与治疗者的相互交流而感悟到自己对问题的积极认识。当然积极心理治疗使患者坚信自己古怪行为的合理性并不是要患者永远保持这种行为，而是希望患者能借助积极认识的力量来扩大视野，使自己保持一种良好的心态，从而摆脱心理阴影。

第二，积极心理治疗从不承认人有所谓的消极心理。人之所以产生消极心理，主要是因为人会通过积极发展各种心理保护模式来降低自己受到更多伤害的可能性。这样，积极心理治疗就把人的消极心理理解为保护性心理，一个人也就不会因为他的某种古怪心理或古怪行为而受到批评，同时患者自己在自我认识上也不会为此感到内疚，反而会因保护的需要而对自己的古怪行为产生认识上的自我接受。

（2）激发对象爱的能力。爱的能力包括爱人与被爱的能力，这种能力被称为第一能力。第一能力和第二能力一样都是在一定的关系中得到发展，而一个人的亲情关系，尤其是与父母之间的亲情关系对他的第一能力产生特别重大的影响。第一能力主要包括爱、榜样、耐心、时间、交往、性、信任、希望、信仰、怀疑、肯定、统一等范畴。佩塞斯基安（Peseschkian）之所以把这些能力称为第一能力，并不是因为这些能力比认识能力更高级，而是因为这些能力更接近一个人的情感领域，它们的变化能直接引起一个人的情绪变化。两种能力的关系：第一能力是基础，第二能力是在第一能力的基础上产生的相应的感情共鸣。

第一能力具体可分解为四种基本关系：与自我的关系（真实的自己与自

我意识的关系，也即能否达到自我同一性）、与他人的关系（自己与周围单个个体的关系）、与群体的关系（自己与利益集体、社会群体甚至整个人类的关系）和与原始我们的关系（自己与宗教、世界观和生活哲学的关系）。同认识能力一样，积极心理治疗也把患者在这四种关系中产生的消极情感当作一种自我保护模式，并提倡用积极的方式来对它作出解释。

在实际临床的操作上，积极心理治疗常常用积极情感来消解人的消极情感，或者在患者的消极情感中寻找积极的成分，并通过这些积极情感所形成的个人长久资源来使患者得到自我恢复和自我实现。

（四）影响积极心理治疗的几个重要因素

1.直觉

直觉是人天生就有的一种本能，是人的自然倾向，也是人最基本的或最原始的心理运算，人正是凭着这种运算而开始自己作为人的生活。直觉既是人心理的自由构造，同时也是人心理自发的直接构造，一般说来，直觉属于人的无意识心理（把人的心理二分为有意识和无意识两部分）层次。人的无意识心理层次聚集了许多心理能量，这些心理能量会对人外在的行为或言语等产生影响。而无意识心理能量在对人的外在行为或言语产生影响时常常以巧妙的、隐藏的方式，在主体不觉知的情况下进行。主体不觉知，自然也就不会产生排斥，因此，无意识心理对人外在的行为或言语的影响是最有效和最深刻的。积极心理治疗认为，每个人的心灵深处都有一种实现自我和寻找人生意义的内在需要，许多人之所以在现实之中意识不到这种需要而出现一些心理问题，主要是因为主体在受到一些现实问题的困扰后会把这种需要压到自己的无意识层面。积极心理治疗的原理就在于帮助患者搬开阻挡这种内在需要被主体意识到的障碍物，从而使这种需要由无意识的层面上升到意识的层面。当人意识到这种需要之后，这种内在需要就会外化成为人行为或言语的意向或动机，人也会因此改变原来的状态而变得更健康。

2.想象

想象是人在现实的基础上，对自己已储存的表象进行加工而形成新形象的心理过程。想象依赖于一个人已存储的表象和已存在的客观现实，但实际上想象更依赖于主体对客观现实的具体理解，如果个体对其的理解不同，那产生的想象也就一定会有差异。想象具有对事物的认识功能和满足主体自身需要的功能。积极心理治疗正是运用了想象的这些原理特点。在心理治疗过程中，治疗者常用一些故事作为与患者进行沟通的媒介，治疗者所采用的故事一般不与患者已有的观念发生正面的直接冲突，而是从问题的另一方面作出一种新的积极的解释。这一过程实际上就是帮助患者形成积极的想象（这既提高了患者的认识水平，也满足了患者的自身需要）。当患者在治疗者的帮助下形成一种积极想象之后，这种积极想象就会使患者对自己已有的行为或观念产生新的理解，并在此基础上建立起一套相应的思想及行为模式。

3. 跨文化性

积极心理治疗认为，人在出生以后，个体经验的建立主要依赖于对内外环境的体验，不同的文化背景使每个人形成具体的、独一无二的心理经验。因此每个人在与其他人打交道时都存在一个跨文化的问题。如果能使患者相信，同样的行为在另一种文化或另一个时代会受到另一种尺度的评价，会被认作异常的或受欢迎的，患者的视野就会得到扩大。积极心理治疗认为，直接影响人心理发展的文化背景主要来自两个方面。一方面是社区文化背景。每个人生活在不同的社区，不同的社区有不同的文化基调，人生活在某个社区自然就会形成与社区文化基调相接近的文化特征。另一方面是家庭背景。不同的人生活在不同的家庭，不同的家庭有它独特的教养方式，这就会使每个人具有独特的文化编码。因此，积极心理治疗的一个重要的方法就是对每一个人的文化现象作出具体分析，在跨文化的基础上激发每个人自身的积极体验，并使之产生相应的积极情感。由于每个人都是在社区和家庭的背景下以自己的方式去体验世界的，并且发展出了符合自身特性的反应方式，因此社区治疗模式和家庭治疗模式是积极心理治疗常用的模式。

4. 冲突

冲突是影响积极心理治疗的一个重要因素。积极心理治疗认为，主体所具有的两种基本能力在对现实的作用过程中会派生出许多现实能力，如由认识能力派生出的守时、礼貌、诚实等，由爱的能力派生出的耐心、信心、团结等。当受到不同的环境和文化的影响时，人所派生出的现实能力就会出现不一致，如观念与行为的不一致、个体与群体的不一致、不同文化的不一致等，这样冲突就产生了。冲突既可以表现在人的内心领域，也可以表现在人的外在人际关系领域。不同的冲突对人心理的影响是不同的，积极心理治疗以不同的冲突内容为标准把冲突分为四种：躯体感觉冲突、成就冲突、交往冲突和未来冲突。躯体感觉冲突主要是指人以躯体感觉疾病的方式来反映对自己躯体的觉察，也就是说，身体本来没病，而自己总是觉得自己身体的某个方面有病。成就冲突主要是指个体的成就与个体的自我概念发生偏差，具体表现为要么逃避工作，要么逃避成就。交往冲突主要反映在与他人或社会群体的关系上，它常常由传统的方式以及个人的学习经验决定。未来冲突是指个体的直觉和幻想超越了现实而产生的结果，大多数正常人也会利用直觉和幻想来反映自己的未来，但这种直觉和幻想并不经常体现在自己的现实生活中。而有些人则不同，他们总是把直觉和幻想的结果当作当时的生活现实，并将此作为自己的生活行动原则，这就产生了问题。尽管直觉和幻想可以是冲突的一个方面的内容，但它本身对其他各种冲突的解决具有很大的作用。

5.积极人格特质

积极心理治疗在个体水平上主要关注个体的积极人格特质，期望通过培养积极人格特质来使患者具有稳定的、来自内在的积极力量。积极的人格特质培养主要通过对个体的各种现实能力加以激发和强化，当激发和强化使某种现实能力变成一种习惯性的方式时，积极人格特质就形成了。

二、积极心理治疗的具体实施过程

积极心理治疗的全过程可以分为两个部分：第一部分是辅助部分，它包括初始谈话和辅助性治疗，这一部分既为第二部分做准备，同时也起着巩固第二部分所取得的成果的作用；第二部分是主导治疗部分，是整个积极心理治疗的核心。

（一）辅助部分

辅助部分主要由初始谈话和辅助性治疗两个部分组成。

1.初始谈话

初始谈话是治疗师与患者的第一次见面，这是以后进一步治疗的基础。初始谈话有多个目的：首先，治疗师需要通过这次谈话来获得有关治疗的具体数据，如发生症状的时间、频度、强度等，从而为患者选择合适的治疗方案；其次，治疗师与患者之间要建立良好的关系，特别是增强患者对治疗师的心理包容力；最后，初始谈话本身就包含一定的治疗因素，它实际上就是一次初步的治疗。初次谈话的三个阶段具体如下。

（1）联系阶段：这一阶段治疗师要采取相对被动的态度，要善意地倾听患者的各种陈述，以期获得患者最详尽的信息。但这种被动只是相对的，并不是患者讲什么，治疗师就听什么。治疗师在这一阶段要有目的地提出一些问题，以便使自己获得足够的治疗所需要的信息。在通常情况下，要让患者就一个问题尽可能多地说出自己的想法，但治疗师如果觉得患者已讲清了自己所提的问题，也可以用委婉的方式中止患者的言语。

一般来说，这一阶段主要为了弄清楚三个问题：患者是怎么知道要到这里来的？患者是因为什么而来到这儿的？患者的身体发展情况、既往病史以及以前接受心理或精神治疗的情况是怎样的？不管是为了弄清楚哪个问题，治疗师在这一过程中都要有良好的态度，使用委婉的语气，并要注意倾听，同时要随时对重要信息做好记录（这种记录最好不要让患者察觉）。

（2）鉴别阶段：这一阶段主要是弄清楚患者心理冲突的社会背景。具体包括两个方面：一是估量和界定冲突发展的可能性，也就是冲突的性质和程度；二是确定患者所描述的心理冲突及心理症状的具体内容。在鉴别阶段，治疗师的提问应主要基于前面所提到的现实能力，以便能够搞清楚患者对现实问题的承受能力。在这一阶段，建议使用一种分析调查表来对患者的问题进行鉴别，该调查表主要用来鉴别患者对自己现实能力的主观评价以及患者对冲突伙伴的现实能力的评价。

（3）整合阶段：这是首次治疗谈话的最后一个阶段。在这一阶段，治疗师要对自己所了解的各种情况以及由此而作出的一些判断和结论进行整合，并最终形成一个完整的诊断报告。在这里特别要注意，这个诊断报告并不具有标签的职能，更不是用来为患者定性的。这个诊断报告是用来帮助治疗师确定采取何种治疗措施的一个根据，同时也是患者今后发生任何变化的一个比较依据。这一阶段有一个明显的特点，那就是患者与治疗师是分离的。不过，尽管从形式上看，患者与治疗师在这一阶段是分离的，但实际上这是最终确定治疗方案的阶段，它在某种程度上可以说是心理治疗的正式开始。

2.辅助性治疗

积极心理治疗的一个很大的特点是把给患者讲故事，特别是给患者讲东方的寓言、故事和神话等，当作一种重要的辅助性的心理治疗。之所以把给患者讲故事当作一种辅助性的心理治疗，主要是因为这种方式并不是心理治疗本身，它们只是在激发患者的联想、向患者提供处理冲突的补充观念或反观念方面有着一定的作用，是治疗的一种催化剂。同时，这种方式还可以在患者和治疗师之间创造良好的交流气氛，从而使治疗师更容易得到患者的认同。另外，生动的故事从直觉、幻想和传统等方面，使得所沟通的内容变得形象化而便于患者理解和记忆。不仅如此，故事还能发挥长久的影响作用，即便在治疗师不在场的情况下，患者也能回忆起故事的内容，并且检验这些故事对自己当前处境的意义。

这些故事既可以被用作娱乐的材料，同时也可以使人们从故事中获得启示或把它们用于自省。讲故事这种辅助性治疗方法既可以在正式的心理治疗之前或之后使用，也可以在正式的心理治疗过程中使用，这主要由心理治疗师根据当时治疗的实际情况和患者的实际状况而定。

（二）主导治疗

积极心理治疗的核心是主导治疗，它的全过程主要包括五个阶段：观察和保持距离阶段、调查阶段、场合鼓励阶段、语言表达阶段和扩大目标阶段。

1.观察和保持距离阶段

在这里，观察和保持距离都是指患者自己而不是指治疗师。所以，观察的特定意义是指患者观察自己在什么情况下同自己的伙伴发生冲突和争吵，这些冲突和争吵又带来了什么样的结果。为了使患者的观察能更有效，并产生更长久的影响，治疗师应提醒患者对自己的这些观察做好记录，因为这些记录在许多时候可以充当患者的镜子，可以使患者经常性地思考自己所面临的冲突。

观察的目的是帮助患者对自己的处境进行有效的分析，这就要求患者把对事件的抽象描述转变为具体描述，也就是说要防止患者产生一般化的泛泛描述。要达到以上这些目的，患者就要获得从一定距离来看待自己处境的能力。如果一个人觉得自己和另一个人有着某种联系，特别是有着某种责任关联时，他就会用一种不同于其他人的眼光来看待这个人。他会不由自主地将自己的愿望转移到这个人的身上，并且期待对方会像自己所希望的那样去做事或说话。这主要是因为，这个人在对方身上已有了一种强烈的感情投入，这种感情投入就会使得这个人把对方的事当作自己的事，并对它们进行干涉。一般而言，对方和当事人越亲近，当事人的这种感情投入的程度就越深。当一个人处于这种极度感情投入的状态时，他就会把对方的个别特征放到突出的位置而加以关注，形成一种片面的个性图像，这种片面的个性图像使得当事人不再能客观、平等地看待对方或对方所做的事，这几乎是所有心理或社会冲突产生的前提。

2.调查阶段

在治疗师和患者之间的首次谈话中就已经形成一个分析调查表，这个分析调查表在当时主要是被用来对患者进行诊断的。但与此相类似的分析调查表同样也可以被用来进行心理治疗。具体做法是治疗师在两次治疗期间，要求患者按照治疗师早先制作的分析调查表格式，分别对自己和与自己发生冲突的伙伴进行一个鉴别分析调查。和前面一样，这一分析调查也主要是在现实能力的范围内。当然，这一分析调查过程是患者的自助过程，治疗师不应把自己早先做的分析调查表给对方看，也不应和患者就某个问题进行讨论。通过这样的调查，患者可以更全面地认识到自己和伙伴的品质、行为方式和能力，从而得出一幅关于自己和伙伴的较为全面的图。在这一过程中，一般是先让患者进行自我评价，再让患者对伙伴进行评价。

其实这一评价过程本身就是一个治疗过程。当一个人在评价自己和评价伙伴时，他其实是在体验着一种与评价内容相应的情绪，而这种情绪又会使他产生一种新的认识。

在患者完成分析调查表之后，治疗师要和患者一起对这两份分析调查表进行评析。通过双方的共同评析，患者就会逐步确定自己及冲突伙伴在哪些行为领域具有积极的品质，又在哪些行为领域具有消极的品质。在此基础上，治疗师还能借助分析调查表向患者说明其产生心理紊乱的原因——片面地重视个别现实能力而忽视了其他现实能力。

对于患者来说，有些人即使认识到了自己的问题所在，也对自己的这种消极态度无可奈何，因为他们常常觉得这种态度和自己的人格特点是联系在一起的，是没办法改变的。治疗师要和患者一起，设法帮助患者厘清这些态度的来源，从而使患者了解到自己的态度并不是天生的，而是可以控制和改变的。

3. 场合鼓励阶段

和前两个阶段一样，场合鼓励阶段也是以患者为中心，也就是说患者在一定的场合要对自己的冲突伙伴进行各种形式的鼓励。患者在这一阶段充当自己冲突伙伴的治疗师。因此，治疗师就必须帮助患者与自己的冲突对象建立起新型的、良好的相互信任关系。而要建立这种新型的信任关系，首要的就是让患者主动承认和肯定冲突伙伴的积极品质。但在这里，积极心理治疗对这种对积极行为的鼓励并不等同于行为疗法中对问题消除的强化。场合鼓励阶段的目的并不在于消除有问题的行为，它侧重通过肯定伙伴的积极品质来改变患者与对象的交往方式、促进伙伴间的信任以及改变患者的态度。

因此，在场合鼓励阶段，表扬和肯定是患者唯一要做的行为，即使患者的冲突伙伴存在一些缺点或消极行为，患者也要放弃自己的批评念头，要假装对它们视而不见。在实际过程中，许多患者会认为冲突伙伴的某些积极品质是应该有的，对此不必大惊小怪；或者害怕一旦承认冲突伙伴的积极品质就会改变自己与对方的力量对比，从而使对方变得傲慢而给自己的心灵带来不快。

治疗师在场合鼓励阶段的一个重要任务就是帮助患者抛弃这种疑虑而学会表扬和鼓励，而这主要是让患者在一定的时间内通过多次的练习摆脱旧的交往习惯而形成一种新习惯。同时治疗师还应与患者就责备与夸奖对基本冲突进行公开讨论，帮助患者用别的积极的解释来补充自己已有的消极解释。事实上，他人的行为本身并没有什么特别的消极意义，而是患者把它看成消极的了。他人行为在患者自己看来是消极的东西，但在同伴看来并不是这样。

4. 语言表达阶段

在大多数情况下，人际关系出现障碍是因为人际沟通出了问题，而在这一过程中，语言误解和曲解又是一个很普遍的情况。语言之所以会产生误解，主要是因为语言经常存在着形式上的歪曲和内容上的歪曲。

从形式上说，人们在生活中更多地使用电文式语言和自白式语言。电文式语言有一个典型的特征：不完整。因而这种语言形式在不同的场合就会产生不同的意义，也就造成相互间的沟通具有片面性。语言的另一种紊乱形式是自白式语言，即一方喋喋不休地说个不停，不给对方任何说话的机会，这种方式使交流变成了演讲会，从而使对方在情绪上表现出反抗。总体上来说，电文式和自白式语言表达都不能达到沟通的目的。

从内容上看，沟通双方对不同的现实能力有着不同的评价，但彼此之间又意识不到这种区别，于是就造成了语言上的歪曲。如礼貌与诚实之间就经常出现评价上的冲突：礼貌要求人们遵守交往的社会规则，要求人们尊重别人的感觉和利益而忽视自己的感觉和利益等；与礼貌相反，诚实则意味着坚持自己的需要和利益，自然它就与礼貌产生了冲突。

5. 扩大目标阶段

积极心理治疗强调要扩大目标而不能限制目标。扩大目标其实就是消除患者的视野狭隘性，让患者不要把冲突转移到其他的行为领域。对于当事人来说，一味地限制自己的目标本身就是心理障碍患者的特征，因此，克服患者对自己目标的限制就成了扩大目标阶段的一个重要的具体治疗内容。为此，治疗师应该要让患者知道：人们不仅需要坐在写字台后看书工作，也需要到外面散步或娱乐；人们不仅要为家务操劳，也要看电视和读报纸；等等。所以对于任何一个人来说，他都没有权利只要求对方做他认为应该做的事。

扩大目标阶段是整个心理治疗中最重要的阶段，这不但是因为在大多数情况下，人们心理问题的产生都是由于目标受到了限制，而且从整个心理治疗过程来看，这也是心理治疗的最后一个阶段。患者在经过这个阶段之后，就要离开治疗师的帮助，而去和他的家人、朋友等生活了。治疗师在经过这个阶段之后，就要抽开自己的那只一直扶着的手，并对自己这个时期的治疗效果进行评估。在扩大目标阶段的心理治疗主要应该注意两个问题。一是要有意把患者的冲突伙伴吸纳到治疗过程中来。人际冲突的一个特点是目标受到限制（有意冷落回避、做消极的片面反应等），而在目标受到限制过程中，患者常常把个别的现实能力当成反对伙伴的主要武器，如只看到对方的无条理、不守时等。

因此，当患者的冲突伙伴也来到现场后，他们的认识能力和爱的能力都会在治疗师的帮助下得到一个质的提高，这当然也归功于前期的治疗工作。事实上，目标受到限制的情况经常是双方同时发生的，双方有机会共同坐下来探讨这个问题自然会更有好处。二是要强调患者的自助。因为患者最终要靠自己去生活，要靠自己的勇气和能力去解决生活中碰到的许多问题，哪个人也不可能一辈子都在心理治疗师的治疗方案里活着。所以这一阶段强调自助本身不但具有治疗意义，而且对患者来说更具有生活意义。

当然，心理治疗的这五个阶段的顺序并不是一成不变的，它常常会因人而异或因问题而异。在具体的心理治疗过程中，心理治疗师应根据具体的实际情况进行不同的调整。但不管怎么调整，这五个阶段在本质上都应以鼓励患者形成积极品质、发挥患者的积极力量和积极潜力为主，这是在任何情况下都不能改变的。

第二节 诱导与挖掘：主观幸福感与心境诱导

一、主观幸福感

主观幸福感是社会心理学的一个专业术语。该术语意指参与主观幸福感评价的个体，根据他自律的标准来对其生活质量予以整体性的评价。

（一）主观幸福感与心理健康

主观幸福感不是心理健康的充分条件。一个有依赖型人格障碍的人可能会对其生活感到幸福和满足，但是，人们不会因此而认为他的心理是健康的。主观幸福感也不是心理健康的必要条件。有些人在生活的各个领域似乎运作得很好，但他并不感到幸福。

可见，主观幸福感与心理健康并不是一回事。主观幸福感只是心理健康的一个组成部分。由于主观幸福感取决于人们的生活体验，因此心理健康专业人员无法为主观幸福感设定一种标准。换言之，主观幸福感的概念蕴含着个体的主观参照体系，或者说是以个体的内在体验为基础的，所以，心理健康专业人员认可的一些幸福标准，不一定适合每个具有主观幸福感体验的个体。不过，尽管不能说主观幸福感是心理健康不可或缺的，但是可以说，主观幸福感的体验是一种值得向往的心理健康特征。

（二）主观幸福感的情感范畴

主观幸福感的情感范畴由积极情感和消极情感两个不同的成分组成。主观幸福感的这两种成分构成相互关联的变量，决定着主观幸福感的质量。在这两种主要成分中，每一种成分又可以分为若干亚成分。

需要指出的是，上述两个成分存在共变的倾向。情感形成两种彼此独立的因子。在每一个因子中，那些对一种情感体验强烈的人，也会对具有同样诱发力的其他情感产生类似的强烈体验。积极情感和消极情感相对独立，其影响因素并不相同，并且个体在积极情感上的得分并非必然预示其在消极情感上的得分，反之亦然。对个体来说，凡体验到特定的积极情感的人，有可能同时伴有较高或较低的消极情感。有些人在积极情感上体验水平较高，而在消极情感上体验水平较低；有些人在积极情感上体验水平较低，而在消极情感上体验水平也较低；还有一些人在积极情感上体验水平较高，而在消极情感上体验水平也较高。

（三）主观幸福感的认知范畴

主观幸福感的认知范畴涉及生活的满意度。生活的满意度又可以分为两个亚类：整体生活的满意度和特殊生活的满意度。前者涉及希冀改变生活的意向、对目前生活感到满意、对过去生活感到满意、对未来生活感到满意、别人对自己生活的评价，以及对所属群体的满意度等；后者涉及工作、家庭、休闲、健康状况、经济条件、自我水平等。

（四）主观幸福感与人格特质

传统的观点认为，人与人之间的社会比较会影响个体对主观幸福感的定位，从而使他们产生对社会生活的积极情感或消极情感。主观幸福感的定位与人格特质有关，个体的人格特质决定着他们的社会比较。具有某种人格特质的人，不论其收入水平如何，也不论是与强势群体相处还是与弱势群体相处，他们的主观幸福感总是处于愉悦水平，或者总是处于不悦水平。

（1）诸如具有喜欢社交活动、精力充沛等人格特质的人，容易产生积极的情感，而具有诸如焦虑、担忧等人格特质的人，则容易产生消极的情感。这两组特质都具有较高的内部一致性。

（2）外倾性与积极情感、生活满意度有关，从而可以提高个体主观幸福感；神经质与消极情感有关，从而可以降低个体主观幸福感。

（3）内倾者和外倾者对消极情感的反应相同，但是，外倾者对积极情感的反应要比内倾者更加敏感。例如，外倾者对奖励较为敏感，内倾者则对惩罚较为敏感。正因如此，外倾者更加快乐。

（五）主观幸福感与生活目标和生活事件

主观幸福感有赖于人们的生活目标，成功实现生活目标与愉悦的情感体验相关，而目标之间的冲突则与不悦的情感体验相关。由于人们具有不同的生活目标，因此主观幸福感的成因也会随之不同。人们的生活目标受到其家庭传统、社会文化和个体需要的影响，而他们在实现目标时能否成功，既取决于机遇，也取决于他们的策略和条件。尽管这种目标理论涉及各种目标，并且根据主观幸福感，这些目标在取舍方面是相等的，但是，它们的内容对主观幸福感所具有的效验可能是不同的。也就是说，有些目标是为内部需要服务的，有些目标则是为外部需要服务的。那些满足内部需要的目标能够预示积极的主观幸福感，而那些反映外部需要的目标则有可能预示消极的主观幸福感。例如，父母希望自己的孩子在经济上能够实现独立，在社会上能够得到承认，在职业上能够谋得理想工作等，这些作为外部需要的目标，对有些孩子来说，与他们的主观幸福感呈负相关。

不论是针对生活目标还是生活事件，若要提高主观幸福感，还需社会支持。社会支持对维持积极的情感具有重要作用。如果个体处于应激状态，社会支持可以作为心理刺激的缓冲因素而对主观幸福感直接发生作用。即便个体并未处于应激状态，社会支持也能间接地增强主观幸福感。可见，社会支持既可以抑制消极情感的出现，也可以增加积极情感，从而提高主观幸福感。

（六）主观幸福感与认知

长期以来，一个吸引研究人员的问题是，人们是如何感知和思考决定他们主观幸福感的世界的。由此派生出"认知归因说"和"认知应对说"。

认知归因说认为，感到不幸福的人容易把消极事件看作由某种无法抗拒的原因造成的，因此，消极事件很有可能继续在他们身上发生[①]。研究人员在主观幸福感领域发现，人们常常通过对事件的想象而将自己的情绪放大或缩小，从而或多或少体验到强烈的情绪。例如，主观幸福感较高的人经常体验到被人们看作合意的事件，他们具有这样一种倾向，即倾向于将中性的事件看作积极的事件，甚至把模棱两可的事件解释为良性的事件。他们不但能够客观地体验积极的事件，而且要比那些主观幸福感较低的人更积极地感受这些事件。

认知应对说基于这样的理念认为，在处理生活事件的过程中，愉悦的人通常能够产生适应的、有意义的想法和行为，而不悦的人则会以消极的方式处理生活事件[②]。例如，愉悦的人倾向于看到事情的积极一面，正视问题，既相信自己也谋求他人的支持。相比之下，不悦的人则往往纠缠于奇怪的念头，责备他人和自己，回避碰到的各种问题。

二、心境诱导

最早研究心境诱导的方法有两种：身体锻炼和致幻物品。在身体锻炼中，研究较多的是散步。研究表明，10 分钟的散步会对心境产生积极的影响，而且这种影响能够持续 2 小时以上。如果每天保持 10 分钟的散步，其产生的诱导效应能够持续一整天，甚至持续到第二天。正因如此，社会心理学家把这种方法看作诱导积极心境的最容易和最有效的方法之一。另一种方法是观察人们在日常生活中使用致幻物品的后效，其中，观察较多的是人们的饮酒与诱导积极心境的关系。结果发现，一定剂量的酒精（因人而异）能够引发幻觉状态的积极心境。此外，为了研究持续的心境诱导，社会心理学家还观察了积极的生

---

① KELLEY H H. Attribution theory in social psychology [J]. Nebraska Symposium on Motivation, 1967（15）：192-238.

② LAZARUS R S, FOLKMAN S. Stress, appraisal and coping [M]. Children's Health Care, 2010, 29(4): 135.

活事件①。以下就实验室的心境诱导和积极的生活事件展开分析。

（一）实验室的心境诱导

已有许多方法用于实验室的心境诱导，包括诱导愉悦、抑郁和焦虑等。其中，经常被应用的一种方法是"默读/朗读"实验。该实验向被试呈现一系列陈述表，诸如"我的感觉良好""我对事情的发展感到高兴"等。先让被试默读，然后要求他们大声朗读，进而尝试着将自己置于受到暗示的心境之中。呈现的陈述项目视不同的实验目的而定，有些实验呈现 60 个项目，有些实验只呈现 25 个项目。从二十世纪六十年代到九十年代，在默读/朗读的基础上，社会心理学家还先后设计了电影、故事、礼物、想象、反馈、音乐、社会交往以及面部表情等实验。

被试受到心境诱导的结果与被试的人格特质有关。外倾性的被试更多地受到积极心境诱导的影响，而内倾性的被试则更多地受到消极心境诱导的影响。

（二）积极的生活事件

实验室的心境诱导过程虽能增强积极心境，但持续时间不长。相比之下，日常生活中的积极事件和活动，不但能够对心境诱导产生强烈的影响，而且诱导出来的积极心境持续时间较长。积极的生活事件是人们颇为熟悉的幸福之源，它们涉及体育运动、身体锻炼、社会事件、工作业绩、人际承认、群体聚会等。这些事件中有很多是无法在实验室中进行的。有些积极的生活事件是偶发的，如收到礼品或请柬、与多年不见的朋友不期而遇、坠入情网等。

美国社会心理学家曾就英国被试和美国被试对积极的生活事件的反应进行过比较研究，问卷中所涉及的积极的生活事件：有些是不经常发生的，如度假等；有些是极少发生的，如结婚或生孩子等；还有一些事件则是经常发生的，如体育锻炼等。此外，有些事件的强度较低，如看电视等；有些事件的强度居中，如接到朋友的电话等；有些事件的强度极高，它们成为改变生活的重大事件，如结婚、找到工作等。然而，不论强度如何，它们都属于影响幸福体

---

① 陈莉,李文虎.心境对情绪信息加工的影响[J].心理学探新,2006（4）:36-41.

验的积极的生活事件 ①。

1.积极的生活事件分类

若将上述事件进行分类的话，则可以发现以下生活事件能够较长时间地诱导积极的心境。

（1）社会事件。坠入爱河是愉悦之源，并且这种愉悦与增强自尊相结合；与朋友在一起有助于产生关系认同和积极情感，有时甚至导致爱慕之情；家庭生活是幸福体验的重要源泉。所有这些社会关系涉及频繁的接触。

（2）体育运动和身体锻炼。两者能够唤起并增强自尊，并使人在持续的过程中享受社会关系。它们所引发的积极心境和幸福体验，效果可以延续至一天或两天不等。

（3）工作。这里的工作既包括父母职业地位的晋升或加薪，也包括自己职业地位的晋升或加薪，还包括在父母或亲戚的帮助下开拓自己的业务等。而被试的积极心境是伴随着成功感和认同感而生成的，其中还包括由于技能水平的发挥而产生的工作满意度，以及与同事的和睦相处而产生的社会关系满意度。

（4）休闲。这里的休闲包括冒险的或非冒险的度假、观看电视，以及含有某种艺术或手工成分的休闲活动等，其效应视被试的取向不同而定。不过，它们与积极的心境存在着一定的关联。

2.积极的生活事件的原因

许多社会心理学家探究积极的生活事件的原因，因为这些事件能够引发积极的情感，并由积极的情感引发主观幸福感。

事件发生的频率是积极的生活事件引发主观幸福感的原因之一。不同的人群有着不同的事件发生频率。例如，收入较低的人要比收入较高的人有着更大的消极事件发生频率，因为前者的贫穷、失业、法律麻烦和受教育程度不高等生活事件的比例大于后者，他们遭遇的消极的生活事件要多于积极的生活事件，而积极的生活事件的多少能够解释不同收入群体之间主观幸福感的差异。

---

① FEIN E D, SLAVICH G M. Positive life events and mental health：the role of emotional reactivity in an adult longitudinal sample [J]. Journal of Personality and Social Psychology, 2020, 119（4）：899-916.

与收入较低的人相比,收入较高的人拥有更多的时间和更好的条件参与各种休闲活动和社会活动,尤其是身体锻炼和俱乐部的社交,这些活动不仅能使他们获得更多的发展信息,还能使他们建立更大的社会网络,获得更多的社会支持。此外,积极事件和消极事件的发生频率也会使不同的人群产生人格差异。由于收入较高的人拥有较多的资源,他们的内在控制意识就较强,而这种内在控制意识能够促使他们去控制发生在他们身上的事情,或者他们认为有能力控制发生在他们身上的事情。

人格差异是积极的生活事件引发主观幸福感的另一个原因。不同的人格特质会影响个体看待积极的和消极的生活事件的方式。例如,外倾者更有可能关注工作和生活中的积极事件,并与朋友或同事在一起交流这些体验,即便遇到消极的生活事件,他们也会主动寻求社会支持。

第三节 挫折复原力:创伤性事件处理

一、挫折理论及应用

(一)挫折情绪的产生源理论

该方面的理论主要探讨挫折情绪是怎样产生的,再根据情绪源头采取措施去调节或改变挫折情绪。这方面的理论有本能论、需要和紧张的心理系统理论、社会文化理论等。

1.本能论

该理论认为挫折情绪是由人的本能造成的,主要代表人物是精神分析学派的弗洛伊德等人。弗洛伊德将人格分为本我、自我、超我三部分。

所谓本我,就是本能的我,完全处于潜意识之中。本我是一个混沌的世界,它容纳一团杂乱无章的、很不稳定的、本能性的、被压抑的欲望,隐匿着各种为现代人类社会伦理道德和法律规范所不容的、未开发的本能冲动。本我遵循"快乐原则",完全不懂什么是价值、什么是善恶和什么是道德,只知道为了满足自己的需要不惜付出一切代价。

自我是面对现实的我，是通过后天的学习和环境的接触发展起来的，是意识结构的部分。自我是本我和外界环境的调节者，奉行现实原则，既要满足本我的需要，又要制止违反社会规范、道德准则和法律的行为。

超我是道德化了的我，也是从自我中分化和发展起来的，是人在儿童时代对父母道德行为的认同、对社会典范的效仿，是接受文化传统、价值观念、社会理想的影响而逐渐形成的。超我由道德理想和良心构成，是人格结构中专管道德的司法部门，是一切道德限制的代表，是人类生活较高尚行动的动力。超我遵循理想原则，通过自我典范（良心和自我理想）确定道德行为的标准，通过良心惩罚违反道德标准的行为，使人产生内疚感。

2. 需要和紧张的心理系统理论

该理论认为挫折情绪是由需要和紧张造成的，主要代表人物是温勒（Winner）。温勒认为非生理需要让人们产生紧张的心理，激发起动机，以平衡心理。需要得不到满足，人们便产生紧张情绪，随之出现挫折情绪，这种情绪在需要得到满足之后会随之消逝[①]。

3. 社会文化理论

该理论认为挫折是由社会文化和人际关系造成的，其创立者是新精神分析学派。人的"本能"需要经常处于不满足状态，这往往会导致人有挫折感。当个体得不到他人的关注、缺乏自我的认同时，挫折感会自然产生。

（二）挫折产生的原因

1. 客观因素

由客观因素引起的挫折被称为环境起因的挫折，也叫外因性挫折，是指因外界事物或情况阻碍人们达到目标而产生的挫折。这一挫折又可以分为两种。一种外因性挫折是由自然因素引起的，是指由于自然的或物理环境的限制，个体的动机不能达到满足，如生老病死、自然及社会和民族风俗习惯等引起的挫折。另一种外因性挫折是由社会因素引起的。社会因素指的是来自社会

---

① 温勒. 儿童和青少年头痛 [M]. 2 版. 朱雨岚，王维治，译. 北京：人民卫生出版社，2011：86.

环境、人际关系的压力和困难，包括社交冲突、工作问题、经济压力、家庭关系等。这些因素可以对个人的心理和情绪产生负面影响，引起挫折感和困惑。

2.主观因素

由主观因素引起的挫折被称为个人起因的挫折，也叫内因性挫折，是指因个人的生理、心理因素缺陷而产生的挫折。这种挫折也可以分为两种：一种是由生理因素引起的，如由个人智力、体能、容貌、身材及生理上的缺陷疾病等引起的挫折；另一种是由心理因素引起的，如无法兼顾同时存在的两种或两种以上的需要而引起的心理冲突等。

（三）行为反应

挫折导致的行为反应是多种多样的，一般可以分为两类：一类是积极的建设性行为，另一类是消极的破坏性行为。

1.积极的建设性行为的主要表现形式

（1）升华。现实生活中"化悲愤为力量"就是挫折升华的表现，一般是个体在遭遇挫折之后的自我保护性反应。一部分人在遇到挫折后会更加努力，或者通过其他方式展现自身价值。

（2）重新解释目标。若目标无法达成，人们会选择重新解释目标，其方法一是延长实现目标的期限，二是重新调整目标以减少挫折。

（3）补偿。当一个目标确定无法实现的时候，人们选择用实现另一个目标来进行心理补偿，或者以新的需要来取代原来的需要。

2.消极的破坏性行为的主要表现形式

（1）攻击。攻击是一种常见的行为反应，可分为直接攻击和转向攻击。直接攻击指向阻碍目标实现的人或事物。转向攻击是指当事人由于某些原因，无法直接攻击那些阻碍因素，就会把这种攻击转向其他人或事物。

（2）防卫。遭受挫折时，人们由于怕伤及自己的面子，往往会自觉地采取一些防卫行为，来维护自己的面子。防卫可以表现为以下行为。

第一，合理化。在受挫后，有人总会以冠冕堂皇的理由掩盖失败的真正原因，以维护自尊，降低焦虑。一般情况下，大多数人都不愿对自己的行为后果和失误负责，会尽可能掩盖事实，或推诿于他人和客观条件。例如，一个学生考试成绩不好，往往不愿意从自身找原因，而是归咎于教师偏心或出题偏难，这样他内心就会好受一些；有的人甚至采取阿Q式的精神胜利法；还有的人遭受挫折后对于应对困难失去信心，将责任推给上帝。此外，还有酸葡萄效应，持这种心理的人认为只要吃不到的，肯定是酸的。总之，合理化使人感觉到自己遭受挫折是有道理的。

第二，转换性疾病。人皆有恻隐之心，同情弱者，同情患者，对他们的要求较低，一旦出现问题也往往会表示谅解，不予计较。所以一些人遭受挫折时，总会下意识地以生病为理由，逃避现实或获得别人的谅解，而有些人确实病倒了。这类疾病，心理学上称之为机能性障碍，即某人的生理器官没有器质性问题，只是其功能发生了问题。例如，有些人的眼睛在生理上没问题，一旦遭受挫折就会失明；有些人明明四肢发达，一旦遭受打击，就瘫倒在地。这些人其实是在下意识地将心理压力转化为生理症状，借以逃避现实或免除责难，达到减轻心理压力、保护自尊心的目的。当然，这种病不是诈病，连当事人都无法自觉控制。还有一种情况就是，挫折尚未发生，但由于害怕挫折，人们会提前出现某些症状，如心慌气促、出冷汗、腹泻等。

第三，固执或偏执。人们在遭受挫折后，本应调整做法，寻求改变，应该体现出主动求变的灵活性。有的人却明知此路不通，仍然一意孤行，固执己见，不思悔改，导致一错再错。例如，有些组织的管理者，当他的方法和决策不能被执行时，为了维护自己的面子、一贯正确的形象和不容置疑的权威，往往会一条道走到黑，这是一些组织政策僵化、管理不善的重要原因。

（3）消极替代。在原有目标由于主客观因素无法实现的情况下，人们会转移目标，并全身心投入其中。

（4）退化。有些人在遭受挫折时，为减轻内心的压力，往往表现出与其年龄不相称的幼稚行为。例如，有些成年人遭受挫折后，会像小孩子一样号啕大哭；有些人受挫之后会拼命吃东西、咬指甲。这些幼稚行为是一种典型的心理退化。

（四）克服方法

1.冷静分析

（1）原因分析。冷静分析失败的原因是来自外部还是来自内部。如果是由于外界的不可抗力导致的失败则不用过于内疚；如果是主观造成的失败则应吸取教训，将教训当财富，亡羊补牢。这样，人的挫折感就会大幅降低。

（2）后果严重性分析。有些人在某些后果发生之时可能会感觉非常严重，但事后冷静下来，经过认真分析会发现不过尔尔，虚惊一场，这样人的挫折感就会降低。

2.树立正确的成败观

（1）失败乃成功之母。正确看待成败的关系。失败并不可怕，关键是要学会从失败中吸取教训，做到"君子不贰过"。

（2）胜败乃兵家常事。每个人都有所长、有所短，胜败也不完全取决于个体的能力和努力，任何人都不可能永远在竞争中处于上风。所以，管理者应当引导员工树立正确的成败观，凡事尽力而为即可，不要执着于结果，这样人才能坦然接受失败，挫折感也就自然而然地减轻了。

3.领导与组织的宽容

大多数人在犯错后都会进行自责，如果此时领导者过分训斥，往往会令人无地自容，甚至产生逆反心理，不利于其改正错误。领导者对于犯错的下属应尽量采取宽容的态度。例如，对于攻击型的受挫者，应引导他将内心的痛苦烦恼倾诉出来，好言安慰，防止其出现攻击行为；对于退缩型的受挫者则应多多关心、帮助和鼓励，使其走出阴影，重拾信心。管理者千万不可乘人之危、落井下石，使矛盾进一步激化，从而把员工推向更加危险的境地。

4.改善环境

第一，改善组织管理制度与管理方式。来自组织的支持是影响员工挫折感的重要因素，因此，组织应该根据环境变化及时调整组织结构，调整有碍发挥员工积极性的不合理管理制度，改善人力资源制度，实行参与制、授权制、建议制等。第二，改善组织内的人际关系。组织内上级与下级间的关系不协调，过分强调单向沟通，员工没有机会向上级反映自己的意见，是影响人际关系的重要原因。因此管理者要注意改善上下级的关系，营造相互信任、相互帮助、相互支持、相互尊重的组织氛围。

5.精神宣泄

人们在受挫之后，往往会出现理智与情感的不平衡，这时有必要引导他将非理智的情感因素发泄出来，从而恢复心理平衡。

二、创伤性事件与宣泄

如果个体将其创伤性经历压抑起来，不向别人透露，不找机会宣泄，那么长此以往就会导致身心不适。例如，曾经经历过童年期创伤事件，从未向他人透露过自己体验的成年人，与那些透露过体验的人相比，前者更有可能存在身心健康问题。许多人之所以不愿透露创伤的经历，是因为内疚，或者害怕因此而受到惩罚。为了不去背叛他们的真实感情或经历，他们就采取抑制的行为，甚至对面部表情和语言进行有意识的控制。除了对创伤性事件采取抑制行为外，有些人还可能力图回避压抑的信息，不去考虑它们所具有的令人厌恶和无法解决的性质。

从社会关系的角度上讲，与别人讨论创伤性事件，有助于人们进行社会比较，同化或顺应别人对这些事件的看法，促使个体重新组织创伤性事件的信息，或者赋予这些事件以新的意义。

（一）宣泄作用的研究方法

社会心理学家把那些试图回避曾经发生在个人生活中的创伤性事件的行为视作一种抑制行为。为了抑制这些事件，需要身心的投入，而有意识地抑制个人的思想、情感和行为，会对身心健康产生累积的压力，从而增加与压力有关的身心不适的可能性。由此可见，如果为人们创造条件，允许他们在某种宽松的环境里畅谈个人的创伤，或者向别人透露自己经历的创伤性事件，而不是刻意抑制自己的体验，那么这种宣泄作用就能产生积极的效应，减轻长期的压力，以及与压力有关的身心不适。

宣泄理论认为，具有创伤性的或者威胁性的经历能将个体的认知与情感联系起来，不但压抑记忆或思维过程，而且与事件相关的情感会以焦虑形式存在于意识之中。摆脱创伤性事件的消极影响，是重新认识幸福的基本前提。就各种宣泄途径而言，讨论创伤性事件也能起到宣泄的作用。

（二）宣泄与主观幸福感的关系

将曾经经历过的创伤性事件宣泄出来，既具有唤起身心功能的效应，又具有减少身心健康问题的效应，而两者均与幸福体验的增强有关。

事实上，情感的发泄或释放会使个体在宣泄之后增强消极心境，但对后来的轻松或愉悦具有长期效应。宣泄某种创伤事件会明显降低个体对该事件的身心反应，但在客观的或主观的身心健康指标方面很少会产生长期的效应。

宣泄创伤性事件能使个体的情感和思想变得更加具体，最终导致更大程度的自我了解。当自我了解的动机受到阻碍时，个体不会感到幸福。虽然人们无法评价与自我了解有关的受阻动机的作用，但是人们明确了情感和思想具体化的重要作用。由此推导，在现实生活中，单就消极的生活事件发泄一通，对主观幸福感无济于事；唯有将消极的生活事件与它们所引发的情感联系起来，才能对主观幸福感产生效应。

三、挫折复原力的提升

（一）塑造新的思想观念

在提升挫折复原力的过程中，塑造新的思想观念是一项至关重要的任务。人们的思维方式和信念系统对于对待挫折的态度和应对方式起着关键作用。通过扩展和改变思维观念，人们能够重新审视和解释挫折，并以更积极和灵活的方式来面对挫折。下面将介绍"爱比克泰德"型人格理论和 ABC 模型理论，这些理论可以帮助人们理解和改变思维方式，从而更好地应对挫折。

1. "爱比克泰德"型人格理论

爱比克泰德在做奴隶期间还在斯多葛学派那里学习哲学，被释放之后，成为斯多葛学派的代表人物之一。这一哲学流派的核心思想之一是如果人们无法改变外在环境，那就平静地接受它。事物本身并不能影响人们，真正改变人们的是人们看事物的角度。如果不能改变外在的环境，就改变自己。这就是

"爱比克泰德"型人格理论的思想观点。

人们用"爱比克泰德"型人格理论的思想去看问题，就会发现之前遇到挫折时产生的消极情绪，并不是因为事物本身令人烦恼，而是因为自己对事物持有的态度使自身烦恼。尽管两个人极其相似，经历相似，处于相同的境况下，但是两个人的感受是完全不同的。

2. ABC 模型

ABC 模型是由美国心理学家阿尔伯特·艾利斯（Albert Ellis）提出的，用于解释情绪和行为的形成过程。ABC 代表着激活事件（activating event）、信念（belief）和后果（consequence）三个要素。

A（激活事件）：激活事件是引发情绪和行为反应的具体事件或情境。这可以是外部事件、他人的行为、特定的触发情景等。

B（信念）：信念是指人们对激活事件的解释和评价。在面对激活事件时，人们会根据自己的信念系统来对事件进行解释和评估。这些信念可以是关于自己、他人和世界的观念。

C（后果）：后果是人们受信念系统的作用而产生的情绪和行为后果。不同的信念系统会导致不同的情绪和行为反应。如果持有消极、不合理或不健康的信念，人们可能会产生消极的情绪和不良的行为。

人们的感受和行为方式并不直接根据遇到的情况而产生，而是像被软件处理过一样，被"看待事物的眼光和角度"影响加工。人们固有的态度像催化剂一般，让自己在遇到一种情况时产生某种特殊的感受。例如，如果有一条自由跑动且有攻击性地盯着人看的狗，当它没有被主人牵在身边时，大多数人会对这条狗产生恐惧感，这种反应是有意义的，因为恐惧感可以保护人们躲避或寻求帮助。但如果遇到这条狗的是一个多年来和攻击型犬打交道的驯犬师，很大程度上这个人不会产生如同大多数人一样强烈的恐惧感。

经典心理学是一门主要研究人们悲伤、恐惧、失望、愧疚等负面情绪状态的学科，并且心理学试图挖掘出让人们产生积极情绪的方法。所以人们当然得弄明白负面情绪是如何产生的。如果说除了外界环境，人们的态度也是引发消极情绪原因的话，那么人们能够学会保持一个良好的态度，就能给自己带来良好的情绪感受。

人们固有的看待事物的态度大部分都在脑海中形成了思维定式，它们以相应的脑神经结构的方式伴随形成。人们如果决定养成新的思维方式，就要有一定的耐心，这是一个周期较长的过程，相对应的，效果也会更好。

（二）认真对待情绪变化

为了提升个人的挫折复原力，可以直接从外在情况或自身态度改变，由此，人们可以更好地运用提升后的挫折复原力来获得自己所需要的成功。通过观察每个人的工作情况可以看出，从事不同的职业的人会遇到不同的挫折，甚至就算是从事相同职业的人也会遇到不同程度、不同类型的挫折。为了继续发展自身的挫折复原力，人们可以开启情绪雷达。

情绪会伴随人们日常的每一刻，但人们很少会意识到情绪的存在。多年来，"中国式客气"一直围绕着人们，不论两个人相交如何，见面总会问一句"最近怎么样"，大部分人的回答都是"挺好的"。但问答双方都知道，问题和答案都是一种机械的回答，甚至是"善意的谎言"。其实人们可以抓住这个机会，通过这样一个简短的问候来短暂地关注一下自己的内心，探寻自己最近到底怎么样，情绪如何。这时，人们可能会惊讶地发现自己最近状态有多好，或是事实上遭遇有多糟糕。为了不给他人造成压迫感，或是不想让别人因为自己的情绪有压力，人们习惯性地忽略自己的真情实感，实际上这会使人在很大程度上忽视自己的真实情绪。

在心理学的训练里，将很多负面情绪统称为"不具备挫折复原力的情绪"，这当中重要的要数恐惧、愤怒、绝望、愧疚、尴尬、羞耻、失望和悲伤。最值得强调的是，反复感受到这些被称为"不具备挫折复原力的情绪"，并不意味着人们的挫折复原力就真的很差。这些情绪有着非常重要的功能，因为它们会在特定情境中给人们以警告。例如，当人们感到恐惧时，这样的情绪是在提示有危险；当人们感到内疚时，这样的情绪则是在提示有错误的行为。

只有当这些情绪源自一种特殊的、个体的态度，并且这些情绪总是一再地让人们偏离目标、伤害他人或者让自己负担过重时，它们才是真的"不具备挫折复原力的情绪"。当情绪反应与外界情况不相称时，这会让人偏离既定的目标或者会导致长期不适的情绪状态，甚至降低本应有的满足感和幸福感。如果真的出现这种情况，那就确实是陷入遭遇挫折而不能复原的情绪中了，这时就有必要采取一些有效的办法。

有意思的是，人们具有很特别的不体现出挫折复原力特性的情绪模式，这种模式会反复出现，也总是与某个特定的"主题"相关联。因此，应该首先找出这些比较特别的情绪，通常只有一到两种，然后再启动情绪雷达，审视自己的情绪。这意味着，人们不仅要重视那些能让自己改善或增强挫折复原力的情境，还要注重那些自己不愿较多体验的情绪。

人们感受到的某种情绪背后隐藏的原因常常并未出现。例如，有人经常感到恐惧，尽管不存在任何危险或者危险明显比所感受到的要小得多；人们有时觉得有负罪感，但实际上他们并没有损害别人的利益；虽然有的人感到气愤，可是他们的权利根本没有真的被侵犯，或者从他们的角度来看的另一方，也感受到了同样的情绪。人们通常会忽略的是，情绪的感受并不一定有对应事实的出现。

意识到这个问题后，并不要马上去寻找解决方案。能认识到对自己来说有一种特殊的感受，认识到感受的来源，并借助情绪雷达更有意识地感知到它，让自己不离开目标，做到这些就已经足够了。慢慢地，人会自己找到一种方式，去体会一种类似情景下却截然不同的感受，如冷静。除此之外还有一点很重要：当这种感受出现时，要为自己叫停，试着去想想看刚刚有哪些想法掠过了脑海，这个感受和想法是基于什么样的事实情况。例如，当有了负罪感时，那就去想一想自己是否真的损害了另一个人的权利；当感到恐惧时，就去想想自己是否真的有理由不可避免地如此恐惧。如果确定自己的这种感受以及感受的激烈程度和现实情况并不相符，那就说明触冰了，这种东西被人们称为漂浮在自己心海里的"冰山"。

（三）减少不积极的情绪

人们的感受、情绪状态，还有幸福与不幸（因为它们也是情绪状态），往往是自己创造的。不仅如此，人们还能够制造出积极或消极影响情绪状态的事物。

人们的感受和内心的态度也是密切相关的，也可以把态度和价值、信念、观点或视角画等号。通常这是人们从父母、其他视为榜样的人，或基于特殊的事件和经历而习得的。它们描述了人们如何看待自己、如何看待世界、世界在人们看来应该是什么样子的，以及如何看待自己的过去、现在和未来。就算两个人处于同样的困境中，也可能有不同的反应。其中乐观者可能会因为某个自己敬仰的人，或是借助从自身经历中锤炼出的乐观精神，认为情况会峰回路转；而悲观者更倾向把未来看得毫无希望。这种思维方式与人们已经形成的心理上的基本需求密切相关，而基本心理需求的平衡与否都会强烈地反映在个人态度上。当人们再次更加认真地观察自己的基本心理需求以及相关的"错误态度"时，会意识到这一点的实质意义。如下的一些有关错误态度的例子就是最常见的心海里的"冰山"。

1. "想要做好，那就自己来。"

这样的一座"冰山"，一种态度，人们总能在对导向和控制有过高需求的人身上找到。此处要强调的是，这种态度以及所有后面提到的态度，并不一定会导致失败或消极的感受，这要从一个人特定的生活情景来看。可以在工作环境中经常观察到，有这种态度的员工刚开始的时候会表现得很好，因为这样的价值观往往也会带着积极的事业心和自律性，领导会对他们非常满意。但是，如果一个有着如此态度的人想要做管理岗位工作并取得事业成功，那么他也许会在某个时刻遇到瓶颈。

这类人认为所有事必须落实在具体行为层面，要求领导在行为层面必须交给下属更多的职责和任务，而交付下属更多职责很可能在最开始的时候就会让他感到恐惧不安。感到恐惧是因为他的行为有所不同，而他一贯的态度告诉他，这和以往的情况不一致；或者恐惧是因为他很担心任务不会按他所希望的样子完成。如果他看到任务实际上不像所期望的那样被完成的话，这也许还会让他大发雷霆。

2. "我有责任让所有人都满意！"

或许人们已经发现，这种态度常会在建立人际关系纽带方面存在不平衡的人身上看到。这种态度第一眼看上去并没有什么问题。这种类型的人有崇高的价值取向，追求高尚的目标。但是，如果其他人过分利用这一点，或者这个人因为这种态度过度苛求自己的话，也会产生问题。他会以其他人的幸福为优先。如果他不按照这种准则——这种心海里的"冰山"处事的话，他很可能再次感到焦虑和恐惧。例如，害怕自己不再被喜欢，这对这种人来说无疑将是巨大的生存威胁。当他不将这种态度实践到具体的行为中时，他就会看到很多事情很可能突然变得简单了许多，或许那些一直都在他关照之下的人，觉得他现在的改变再好不过，再也不用为之烦恼了。

3."我在这方面就是能力不足。"

人们常常将对自我价值提升的追求没有获得满足归因于以往所遭受的自我价值感的弱化或损害。几乎没有一种基本心理需求会像自我价值提升需求一般，能够导致如此明显又如此矛盾的行为方式。有些人为了满足他已经削弱的自我价值感，会通过一些方式来提高自己的价值，如总是试图成为焦点、被驱动着追逐事业的成功、用高档物品来武装自己，或者在最极端也是最严重的情况下，用强权来对他人加以控制。而另一些人，完全不相信自己，屈从于命运，长久地陷在自我怀疑当中。

面对所有因为心理需求未获得满足而导致的内心不平衡的状态，人们需要做的是自我认知和自我反馈。在这个基础上，人们才能学习到，自己本身是具有不可估量的价值的，无论自己曾经历了什么，也无惧别人对自己说些什么。不过，这并不意味着从某天开始，人们就忽然视自己为另一种非常出色、不可多得的人，而是这些人认识到自身的缺点和优点，并将它们作为自己的一部分来认可。此刻，自己不是某个更优秀或稍差的人，只是处于"自我认知"的状态。人们还可以去学习，不再通过朋友或伴侣来对照出自己的优秀，或者把他们的成就视作自我价值感的威胁，又或者通过对他们滥用权力来满足自己的支配欲，而是和他们建立真诚的、重视自身价值并能互相支持的关系。

（四）避开思维陷阱

上文中所描述的那些"冰山"都有这样的特点，那就是每当人们撞上它们，就会导致强烈的情绪反应，如恐惧或愤怒。如果看到一个人的情绪反应并不符合事实情况的严重程度，那么可以断定，他是撞上了某种情绪"冰山"。唯一例外的情况是，如果一个人压力过大，加班过多，他的挫折复原力指数就会降低，而此时如果被要求继续付出，这并不是撞上了情绪"冰山"。第一，人们要学习去认出它们，这很重要。第二，人们也要看一看最常见的一些思维陷阱，思考下自己是否会不时地陷入其中的某一个。

最常见的七种思维陷阱如下。

（1）灾难化。

（2）最小化对最大化。

（3）随意猜测别人的想法。

（4）情绪化推断。

（5）个人化对外部化。

（6）普遍化对特殊化。

（7）持续性对暂时性。

情绪化推断在挫折复原力领域也有相当重要的作用，因为它掌握着尽善尽美的能力。人们能够在其情绪基础上自认为非常准确地从一种情况中得出结论。

第四节　创新性实践：增强主观幸福感的方法

一、主观幸福感的社会指标

测量主观幸福感的社会指标依据两种方法论：一种是"自上而下"的过程，也即从被试的整体满意度着手，探索整体满意度在各个特定领域的不同反映；另一种是"自下而上"的过程，也即根据被试在各个特定领域的满意度来推测他们的整体满意度。最终得出最经常提到的领域：收入、就业、人际关系、健康、住房、休闲。

（一）收入

收入与主观幸福感的关系主要表现在收入的社会指标与收入满意度的相关，以及收入的社会指标与整体满意度的相关上。著名的"世界价值观调查"具体如下。

（1）收入与收入满意度的相关高于收入与整体满意度的相关，例如，收入与收入满意度的平均相关为 0.25，而收入与整体满意度的平均相关为 0.13。当然，国家之间的相关存在差异。在一些较为贫穷的国家里，收入与整体满意度之间的相关较强，这是因为收入直接影响到人们解决食品、住房和其他基本需要。跨文化的国际比较表明，之所以会出现收入对整体满意度的较强影响，是因为国家的个体差异。

（2）收入对公共财产的作用，如对健康和教育设施的作用，要比其对私有财产的作用更能影响主观幸福感。前者的相关为 0.62，后者的相关为 0.59。

（二）就业

从因果关系的角度来看，两者的关系是双向的。不过，整体满意度对工作满意度的作用要比工作满意度对整体满意度的作用更为显著。在工作满意度中，尤其就不同的工作而言，个体之间存在明显差异。

失业是风险社会的主要动因。失业会导致抑郁、焦虑、健康不良、情感淡漠、自尊低下、急躁易怒等。可以说，失业波及整体满意度下降的各个方面。

以青年失业人员为例。首先，青年失业人员的父母大多是 40～50 岁的人，如果他们的孩子也处于失业或"协保"状态，则家庭经济必将陷入困境。况且，子女的失业容易使这类家庭失去希望。其次，工作生涯的早期失业经历阻碍了青年通过工作经历和在职培训获得技能开发的机会，增加了未来失业的可能性，从而降低了收入水平。况且，失业时间越久，重新就业的概率就越小。最后，青年失业延缓了青年人从青春期向成年期（以建立家庭和生儿育女为标志）的过渡，可能导致严重的社会问题。失业对生活管理和生活保障的威胁，使青年失业人员生活在一种漂泊不定的情境里，不但接受各种反社会影响的机会较大，而且容易在人生观、价值观和行为方式等方面出现偏差。已有许多研究报告指出，失业青年与犯罪、吸毒、破坏公物等行为之间存在显著相关。

（三）人际关系

人际关系是主观幸福感的主要源泉之一，其中，家庭关系和婚姻关系是最具影响力的人际关系。

（四）健康

健康既是主观幸福感的原因，又是主观幸福感的结果。并且，它能被视作生活质量的组成部分。在健康的问题上，主观幸福感的测量把健康分为主观健康和客观健康。主观健康与客观健康并不等同。例如，神经过敏的人常在主观上体验到不健康，而有些真正患有高血压的人，却主观地认为自己的身体状况良好。如果具体的疾病限制了个体活动的话，那么主观幸福感与客观健康之间存在某种关系。

随着经济和科技的高度发展，人们的生活质量也面临不少新的问题，包括不正当竞争带来的环境污染和食品污染、过度享乐造成的生理失调和心理障碍、人际竞争造成的应激反应和精神压力等，它们已经直接或间接地成为人们亚健康状态的根源。

（五）住房

在被试回答影响主观幸福感的因素中，住房是一个经常被提及的因素。若干研究已经指出，可将住房视作生活标准的一个组成部分。不但住房的面积对整体满意度产生影响，而且住房的设施也对整体满意度产生影响。

1. 房价上升幅度过大

住房价格的连续上涨，明显降低了中低收入家庭的购买能力，与居民经济收入增长不相协调的矛盾开始突出。

2. 动迁获益有所下降

由于动迁成本过高，原来按户口计算动迁补偿的机制日显落后。由于动迁户多为房小人多的家庭，按面积所获补偿比原先减少，造成中低收入动迁户以补偿款改善居住条件的空间受到压缩。

3. 不同收入家庭的房屋资产存在质与量的区别

住房制度的改革，商品房市场的发展，使得越来越多的家庭拥有房屋资产。不同收入家庭的房屋资产价值的差异，不但印证了不同收入家庭之间的差异，而且强化了不同收入家庭之间幸福体验的差异。

（六）休闲

积极参加群体社交和志愿者活动，也具有强化主观幸福感的作用。闲暇生活可以以休息为主，以补充发展为辅。闲谈话题可以以社会为主，以生活为辅。

二、增强主观幸福感

（一）社会阶层对增强主观幸福感的影响

社会阶层不是一种单一的变量，它既可以在个体水平上予以测量，也可以在群体水平上予以测量，而每种测量都为个体或群体所处的社会条件和经济条件提供了不同的图景。个体或群体的社会阶层反映了个体或群体与他人或其他群体相比在若干维度上所处的位置。从传统的划分意义上说，职业、收入和教育被视作社会阶层的指标。

职业是根据某种职业的声望来评价的。早期，人们运用的职业声望量表是"邓肯社会经济指标"。该量表问世于二十世纪六十年代，主要测量个体或群体在 45 种职业中所处的职业声望。量表基数为 0，表示职业声望最低；量表基数为 99，表示职业声望最高。对于那些不能评级的职业，则根据该职业的平均收入和教育水平进行估计，借此给定分数。后来，出现了一些其他量表，既用来对各种人员进行分类，也用来探究特定职业与主观幸福感的关系。

收入是根据每年或每月从工资和其他来源中得到的收入进行评价的。它们既可以根据个体的收入进行评价，也可以根据家庭的收入进行评价。如果采用后面一种方法，那就必须将家庭中具有收入的人数考虑进去。鉴于许多人在报告他们的私人经济状况时较为敏感，因此收入的评价涉及广泛的类目。过去，许多有关社会阶层与主观幸福感的研究主要把处于贫困线以下的人和处于贫困线以上的人进行比较。但是，已有证据表明，社会阶层与主观幸福感的关系是线性的，也就是说，主观幸福感随着社会阶层的上升而相应得到改善。这就告诉人们应该对中等和中等以上水平的收入差异进行评价，而不能仅仅局限于对风险社会中的贫困群体进行评价。

教育是根据受教育的年限来评价的，包括获得的最高学位。这种评价所依据的假设如下。

（1）较长的教育年限能为个体提供更多的智力资源。

（2）达到某种基准，如大学毕业或者获得某种专业学位等，对职业成就具有一定的意义。

然而，需要指出的是，对过去的几代人来说，能够真正取得高等学历的不多。那时，一纸中学毕业文凭已经足以找到许多工作。但是，对生活在二十一世纪初的人来说，随着越来越多的个体达到高等学历，大学文凭对就业来说已经不再是唯一的取舍标准，教育成就的社会意义发生了变化。正因如此，教育程度与主观幸福感的关系，对不同年龄的群体具有不同的意义。

职业、收入和教育这三个社会阶层的组成部分是相互关联的。例如，一般来说，受过较多教育的人能够获得较为体面的职业和收入。但是，职业、收入和教育之间并不存在显著相关。在所有这些指标之间，关系最为密切的是职业与教育之间的关系。至于收入与职业之间的关系，只具有中等程度的相关。并且，这些相关对女性来说要比男性更弱。

（二）社会关系对增强主观幸福感的影响

社会关系是主观幸福感的主要成因之一。社会心理学家通常采用回归系数的方法来评价社会关系对主观幸福感的作用，也就是确定某些影响因素，在其他变量保持相对恒定的情况下，检测这些因素之间的相关性。

1.社会关系对主观幸福感的一般作用

社会关系的三个主要变量（家庭生活、爱情与婚姻、友谊）影响主观幸福感的各个方面。家庭生活是主观幸福感的源泉；坠入爱河既有可能引发愉悦，也有可能导致痛苦；婚姻质量是决定主观幸福感和身心健康水平的重要因素；同事友谊或伙伴友谊能够唤起积极的心境，预防孤独的感觉。

（1）不同社会关系的满意之源。有益的工具性帮助关系、情感支持关系和伴侣关系是不同社会关系的满意之源。配偶是最大的满意之源，它既领先于父母关系，也领先于同性朋友、异性朋友和兄弟姐妹的关系，更领先于个人与上司、同事、邻居的关系。同样，对于有益的工具性帮助关系和伴侣关系来说，配偶也是最大的满意之源，它领先于其他各种关系。看来，尽管各种社会关系都在不同程度上影响主观幸福感，但是配偶是最大的满意之源，它不但有伴侣关系的效应，而且还有有益的工具性帮助和情感支持的效应。

社会关系的重要性是随着不同的生活阶段而发生变化的。对年幼儿童来说，父母是最重要的。接着，朋友成为重要的对象。随着年龄的增长，爱情和婚姻开始占据重要位置。在生命周期的历程中，朋友会在中老年后又成为重要的依靠对象，并且，同性朋友和异性朋友都是社会支持和主观幸福感的重要来源。

与孩子交流是许多父母的愉悦之源。所有这些愉悦的环境都是父母和孩子共同营造的游戏或休闲情境。在此情境中，追求、享受和发展亲密关系是这种活动的主要目的。在同步和协调的互动中体验一种亲密的关系，既培养积极的心境，又增强彼此的吸引力。这种亲密关系是个体后来参与人际交往的基础。不论是青年人处于恋爱阶段，还是老年人聚在一起消磨时光，都不难看到这种亲密关系的再现。随着个体步入婚姻阶段，亲密关系借助婚姻的载体而再度体现出来。当夫妻双方扮演父母角色时，原先的亲密关系与亲子关系相融合，甚至有可能被亲子关系所替代。对不同年龄的个体来说，亲密关系意味着被人接受，而被人接受总是一件好事，不但有助于提升他人的自信感，而且有助于增强自己的成功感。

（2）社会关系与身心健康。社会关系对身心健康的积极影响，并不取决于这种关系是否能够带来物质利益，尽管单亲家庭及其孩子的生活要比双亲家庭及其孩子的生活更加拮据。相比之下，社会关系对身心健康的积极影响在于这种关系能够提供社会支持，也就是感知到自己被人关心和尊重，或者通过社会整合来拓展社会网络，并且借助这种拓展了的社会网络来实现各种予取关系。

社会支持的"缓冲"效应，可以通过人们在感受到压力时被提供实质性的帮助而体现出来。所谓实质性的帮助，主要是指被帮助者恢复了应对各种问题的信心和自尊，或者获得了应对各种问题的策略，或者感到他们能够应对各种问题。令人愉悦的社会关系有助于唤起积极的心境，而积极的心境反过来会强化社会整合或人际依恋，从而促进自己和他人的身心健康。那些既关心别人又不被自己关注的事物所左右的人，容易唤起积极的心境，较少感受到压力的影响。

2.家庭生活与主观幸福感

家庭生活有许多乐趣，这些乐趣是以刺激和情感为机制的。不但夫妻之间互为刺激源，并且父母与孩子之间也互为刺激源，情感就是以此为基础得到增进的。家庭生活既有积极情感，也有消极情感，但在大部分时间里，既没有积极情感，也没有消极情感。许多家庭是在没有大起大落的情感波动中平静度日的。

3.婚姻状况：生活满意度与身心健康

幸福的夫妇之间常有积极的交流，他们彼此微笑、点头示意、眼神接触、说话低声细语，并且能够迅速捕捉到对方话语的含义。不幸的夫妇之间常恶语相向，他们多半用抱怨和惩罚来攻击对方，试图使其就范；他们嘲笑对方，朝对方叫喊和皱眉；他们的声音生硬、冷酷、不耐烦、牢骚满腹；他们的手势粗鲁，表现出厌恶的含义；他们甚至干脆漠视对方的存在。只要有一方做出这些行为，另一方就会对此做出反应，导致双方的厌恶不断升级。对此，社会心理学家运用各种理论来解释人们之间为什么会彼此爱慕、亲近和承诺。

（1）爱慕。在爱慕问题上，较有代表性的理论有强化理论和平等理论。强化理论认为，人们喜爱那些能够为其提供丰厚奖励的人，而不喜欢动辄施以惩罚的人。同样，人们愿意与那些能够为其带来愉悦的人进行交往，而不愿意与那些给其带来痛苦的人进行交往。例如，无论男性还是女性，他们都喜欢在宜人的场所里约会，而不喜欢在拥挤、肮脏、过热、过冷、潮湿或干燥的场所里约会，这就犹如人们喜欢倾听悦耳的音乐而不喜欢听刺耳的噪声一样。遗憾的是，有些夫妇的日常生活常被琐事纠缠，刻薄取代善意，礼貌遭到忽视。有时，夫妇之间对待对方甚至比对待陌生人还要糟糕。

（2）亲近。社会心理学家曾经要求配偶讲述他们所理解的亲密关系，许多被调查者认为，亲密关系包括爱的感觉、温暖、幸福、满足，以及彼此谈论私事或彼此分享愉悦的活动等。当询问到哪些事情会在他们之间构筑一道不可逾越的壁垒时，他们认为冷漠的关系会逐渐发展出猜疑、愤怒、怨恨、悲哀、指责、麻木和疏忽。

他们认为，保持亲密关系的黏合因素涉及三个方面。①关系的吸引力。

该因素涉及亲密关系的回报超过对方的期望还是低于对方的期望，因为关系回报越多，代价越少，则双方的关系就越持久。②可替代关系的吸引力。该因素涉及双方在一起的吸引力是否比其他关系或单身生活更加令人满意，因为可替代的关系越具有吸引力，则婚姻就越有可能解体。③维持亲密关系的屏障。该因素涉及防御婚姻破裂的心理、法律、经济、社会等防御力量，以及父母双方对孩子的责任。

4.婚姻状况与身心健康

婚姻具有社会支持的作用。配偶双方会敦促对方遵循对身体健康有益的"健康行为"，如减少吸烟和饮酒、规定饮食、按照医生的嘱咐进行锻炼，以及夫妻之间相互照应等。减少吸烟有助于降低患肺癌的风险，减少饮酒有助于降低肝硬化的风险，而规定饮食和加强锻炼则有助于降低心脏病发作的风险，因为这些行为在很大程度上不受免疫系统激活的支配。相比之下，离婚对健康的负面影响，取决于抑郁是否得到控制，因为离婚导致的抑郁是引发身体疾病的直接原因。此外，离婚男性得不到配偶的照料，加上生活没有规律，很容易患心脏病或肝硬化等疾病。

（三）生命周期发展与主观幸福感

1.儿童和青少年的心理健康与主观幸福感

关注儿童和青少年的心理健康，是增强他们主观幸福感的必要途径。儿童和青少年的心理健康是相对的而非绝对的，因为心理健康处于适应性这一连续谱上的一端，而心理障碍则处于另一端。人们对心理健康的界定，是以下述理念为依据的，即"为适应而做准备"。虽说大多数儿童和青少年没有临床意义上的心理障碍，但是他们仍然未能达到心理健康的理想状态。

提高心理健康水平的努力是建设性的。在现有的关于心理健康的词汇中，与此最为接近的概念是预防。预防要求人们围绕风险和保护等因素来制定相应的策略。对儿童和青少年的心理健康来说，它至少涉及五种预防策略：（1）在抚育者与孩子之间形成完善的依恋关系；（2）为儿童和青少年展现自己的才能提供机会；（3）让儿童和青少年适应人际关系的社会环境；（4）培养儿童和青少年的胜任意识，使其逐渐学会控制自己的命运；（5）帮助儿童和青少年习得有效应对压力情境所需的技能。

2.成年人的心理健康与主观幸福感

研究生命周期的社会心理学家提出过不少积极向上的心理运动的论述，这些论述涉及自尊、确立和追求奋斗的目标、发挥自己独特的潜能、与人保持融洽的交往、卓有成效地驾驭环境和把握机遇，以及实施自我控制等。如同自爱、自尊和自重一样，自我控制、驾驭局面、做出决定等，在阐释什么是主观幸福感方面是非常重要的。其中，关于社会关系的论述，如爱、慈善、责任、友谊、关心和影响他人，以及与人建立融洽的关系等，是这些论述的核心内容。

如果将社会心理学家关于积极向上的心理运动的论述与成年人在生命周期的特定阶段所遇到的问题进行比较的话，则可以从下述四点考查成年人的心理健康与主观幸福感：身心问题、家庭关系、支持系统和生活经历。

（1）身心问题。对成年人来说，一个重要的身心问题是异常静态负荷。负荷意味着机体内的许多器官或组织集结大量的劳累和张力，这些劳累和张力源自生理活动的反复波动，而后者是人体对感知到的压力所做的反应。异常静态负荷可以用来检测器官系统的受损情况，并且推知它们与身心疾病的关系。

（2）家庭关系。父母身份是人成年时期扮演的主要角色，90%以上的成年人有此体验。为人父母是一种持久的生活体验，这种体验对父母主观幸福感的影响会随孩子的年龄和照料孩子的要求的不同而发生变化。

（3）支持系统。社会支持系统在缓解家庭的经济窘境、成员的心理困扰、生活的压力刺激等方面具有不可替代的功能。成年人在遭遇经济的、心理的或生活的不利境遇时，能否获得有效的社会援手，在一定程度上折射出成年人的社会资源、生存质量和发展潜力。

随着住宅条件的改善和现代通信技术的发展，不但家庭结构呈现小型化趋势，而且居所的封闭性和私密性也使许多父母与子女的联络越发依赖电话通信和计算机网络。许多邻居更是相见不相识。以往亲子、代际和左邻右舍之间的人际沟通和互助援手已经越来越少。加上大众传媒的宽泛信息使得父母的经验和知识失去一定的权威，子代的知识和信息优势转化为资源优势和话语权威，亲子之间在价值目标、兴趣爱好、消费意向和生活方式等方面出现明显的差异或代沟。

（4）生活经历。就生活经历与幸福体验的关系而言，以往的许多研究是从单个生活事件与幸福体验的关系着手的。有些困难是长期存在的，有些困难则是突发的；有些困难出现在人生的早期阶段，有些困难则在成年阶段才出现。由此导致了千变万化的人生故事，人们既能无奈地忍受抑郁的折磨，又能不断地排解抑郁的心境。

3.老年人的心理健康与主观幸福

老年人的主观幸福感既与身体健康有关，也与心理健康有关，而他们的身体健康和心理健康是有差异的。许多心理健康的问题涉及机体症状，这是因为在老年人群中慢性病发病率较高。他们的心理健康问题经常伴随着一些身体上的不适，身体上的不适反过来影响心理状态。在主观幸福感领域，社会心理学家关注的是从各种身体健康的问题中区分出焦虑、抑郁、痴呆和行为障碍。

（1）区分抑郁与焦虑。老年人的许多常见病常常伴有抑郁和焦虑等症状。例如，甲状腺机能衰退、心血管障碍，以及慢性肺功能紊乱等，这些病症都会引起疲倦、睡眠不好和其他一些副作用。还有一些紊乱症状，包括心肌无力、维生素缺乏、贫血、肺炎、甲状腺亢进和甲状腺衰退等，都有可能伴有焦虑症状。此外，一些老年人服用镇静剂等药物，也会产生抑郁等症状。鉴于机体原因、心理原因和社会原因交织在一起，需要采用多元的评价技术来建构适当的抑郁和焦虑的诊断体系。不过，需要指出的是，老年人经常提到一些身体上的不适，如疲倦、头痛、背痛、便秘和睡眠不好等。对年轻人来说，这些不适可能暗示着抑郁；然而，对老年人来说，这些不适则是普遍存在的，并不意味着抑郁。可是，抑郁的老年人也会表现出一些身体上的症状。

（2）区分抑郁与痴呆。有些抑郁症状看起来很像认知能力受损，这在老年人群中更加明显。老年人心理活动迟滞和记忆力丧失，通常被归入痴呆。然而，其可能属于假性痴呆，而其真实原因在于抑郁。导致假性痴呆的因素是多元的，包括营养缺乏、药物影响、饮酒过量、滥用药物等。因此，正确评价这类问题的发生率，对于认知能力受损的老人来说是非常重要的。若要判断为痴呆，就必须考虑老年人注意力难以集中、体力丧失、心理活动迟滞，甚至包括抑郁的丧失等表现。

（3）区分痴呆与行为障碍。晚年的痴呆会产生癔症和妄想，出现行为障碍。区分痴呆和行为障碍是很重要的。就老年时期经常发生的认知能力失常和情感障碍而言，最令人头疼的伴随症状就是行为障碍。这些障碍包括迷路、无法入睡、言语和行动具有攻击性，以及幻觉和妄想等。具有这些症状的老年人，一般会被护理人员看作"有问题"的人，需要区别对待，并且常被施以精神性药物治疗，借以控制他们的行为。但是，这样做会对老年人的认知能力、情感表达和机体功能产生各种不利的副作用。

生活质量与生活压力有关。生活压力的类型和频率是随着年龄的增长而变化的，因为导致生活压力的事件随着年龄的增长而变化。那些具有缓慢而又深远影响的事件，如结婚、离婚、换工作、地位升迁等，与年轻人群的相关性大于与老年人群的相关性。对老年人来说，导致生活压力的重要事件主要涉及生病、丧偶、经济拮据、照顾配偶、适应养老机构的生活、孩子死亡、孩子离异，以及孙辈的附带照顾问题等。老人在这些指标上所遭遇的生活压力并没有随着年龄的增长而递减。

就生活压力的性质发生变化而言，早期生活的压力大多数是短期的，包括抚养孩子和发展职业等；然而，晚年生活的压力大多数是长期的，包括与某种慢性疾病作斗争，或者照料长期患病的配偶等。关于生活压力的自陈报告，与老年人随着年龄的变化而对问题的应对措施不同有关。在某种程度上说，老年人处理问题时已很少求助于酗酒、幻想等逃避手段，换句话说，能够活到老年的人原本就不太会使用这些逃避手段。

随着社会进入老龄化，将有许多老年人是独生子女的父母，身边无子女的老人家庭数目会大量增加，家庭养老能力随之降低。这样一来，越来越多的养老问题会从家庭转向社会，使社会养老负担与日俱增。同时，随着市场经济的发展，大部分中青年都处于竞争激烈和工作节奏加速的情境之中，加上人口流动和迁移的加剧，以及社会转型时期各种文化思潮的冲击，使得代际的不和谐和文化冲突呈现递增趋势，并且直接影响到老年人的幸福体验。

随着科技的发展，已经有无数的新型服务可以照顾婴幼儿、老年人以及帮助压力过大的成年人解压，但是从人性情感的角度出发，不管哪个年龄段的人群，增强主观幸福感最好的方法还是陪伴，陪伴是产生积极情绪的有效途径。

参考文献

[1] 任俊．积极心理学 [M].北京：开明出版社，2012.

[2] 詹金斯．积极心理学：处处有转机 [M].魏波珣子，译．北京：九州出版社，2017.

[3] 秦喆．积极心理学视野下大学生心理危机干预构想 [M].北京：航空工业出版社，2019.

[4] 苏文明．积极心理与大学生活 [M].北京：高等教育出版社，2016.

[5] 周一帆．积极心理学：人生中容易被忽略的 10 种乐趣 [M].北京：台海出版社，2018.

[6] 马丽婷．心理学与生活 [M].长春：北方妇女儿童出版社，2019.

[7] 陈国强．心理学与生活 [M].成都：天地出版社，2018.

[8] 艾靳．心理学与生活 [M].北京：中国致公出版社，2017.

[9] 王焕斌，冉亚权，徐越．心理学与生活 [M].北京：中国纺织出版社，2017.

[10] 李美华．心理学与生活 [M].长沙：湖南师范大学出版社，2017.

[11] 纪如景．心理学与生活 [M]. 4 版.北京：中国法制出版社，2017.

[12] 魏冰冰．心理学与自我疗愈 [M].北京：中国法制出版社，2018.

[13] 骆小平，黄建钢．积极的心理管理学导论 [M].上海：上海交通大学出版社，2017.

[14] 吕君，黄建钢．积极的个体心理管理学 [M].上海：上海交通大学出版社，2017.

[15] 夏青．情绪管理学 [M].北京：光明日报出版社，2018.

[16] 孙泽厚，罗帆．管理心理与行为学 [M].武汉：武汉理工大学出版社，2003.

[17] 谢朝柱．行为管理学 [M].长沙：国防科技大学出版社，1988.

[18] 叶芳，黄建钢．积极的群体心理管理学 [M].上海：上海交通大学出版社，2017.

[19] 陈慧君．积极心理的力量 [M].武汉：华中科技大学出版社，2017.

[20] 勒尔顿．积极生活的力量 [M].韩晓秋，译．北京：新世界出版社，2008.

[21] 莫雅.小心理大道理：积极心理学的力量[M].北京：电子工业出版社，2013.

[22] 亨施.心理韧性的力量[M].李进林，译.北京：北京联合出版公司，2017.

[23] 艾碧.语言的力量[M].孙晓斐，译.厦门：鹭江出版社，2016.

[24] 李维.风险社会与主观幸福：主观幸福的社会心理学研究[M].上海：上海社会科学院出版社，2005.

[25] 斯特格，迪格鲁特.环境心理学导论[M].2版.于兀兀，高健，马亿珂，译.北京：中国环境出版集团，2022.

[26] 邱山，付瑶瑶.积极心理干预在精神分裂症患者中的应用研究[J].中西医结合心血管病电子杂志，2020，8（33）：158.

[27] 何淑欢，林翠华.积极心理学对医护人员自我效能影响因素的分析[J].全科护理，2020，18（32）：4498-4500.

[28] 李萌，郭园丽，王爱霞，等.团体积极心理疗法对老年卒中后抑郁患者的认知功能和情绪的影响[J].国际精神病学杂志，2020，47（4）：812-814，821.

[29] 庞颖颖.家庭系统干预联合积极心理干预对老年痴呆症居家患者生活质量、认知功能的影响[J].国际护理学杂志，2020，39（16）：2879-2883.

[30] 黎金带，黎雯玲，黎云霞.积极心理学理论指导的护理干预对精神分裂症患者的康复影响[J].华夏医学，2020，33（4）：155-158.

[31] 詹海都，陈浩华，王彦娜.大学生手机依赖状况及与积极心理品质的关系研究[J].卫生职业教育，2020，38（15）：157-159.

[32] 李晴，吴刚.侧重生涯规划的高职院校心理健康课程改革对大学生就业心理影响的实践探究：以梧州职业学院为例[J].心理月刊，2020，15（17）：130-132.

[33] 薛文辉.大学生积极心理品质的培养途径及策略研究[J].现代交际，2020（13）：8-9.

[34] 李芬.心理资本干预和高职大学生学校适应研究[D].武汉：华中师范大学，2020.

[35] 周婷.父母心理控制与高职生习得性无助的关系：链式中介模型及团体干预[D].兰州：西北师范大学，2020.

[36] 宛晓娜.烧伤住院患者积极心理资本与生活质量的相关性研究[D].开封：河南大学，2020.

[37] 庞晨晨.中青年脑卒中患者积极心理资本、应对方式与健康行为的相关性研究：

[D]. 开封：河南大学，2020.

[38] 叶颖 . 基于积极心理学的老年公寓设计研究 [D]. 兰州：兰州理工大学，2020.

[39] 李江 . 积极教育理念下的高中作文教学研究 [D]. 扬州：扬州大学，2020.

[40] 李扬 . 大学生心理资本的调查研究 [D]. 兰州：兰州交通大学，2020.

[41] 任悦 . 高中生积极心理资本和心理健康水平的关系及其干预研究 [D]. 石家庄：
河北师范大学，2020.

[42] 任龙飞 . 社会支持对失独人群抑郁症状、焦虑症状的影响：积极心理的中介作
用 [D]. 沈阳：中国医科大学，2020.

[43] 佟赤 . 社会心理因素与农村卫生人员身心健康和工作态度的关系：心理资本的
中介作用及影响因素实证研究 [D]. 沈阳：中国医科大学，2020.

[44] 潘梦卉 . 基于积极心理干预的大学校园健康支持性环境景观设计研究 [D]. 青岛：
青岛理工大学，2019.

[45] 朴国花 . 朝鲜族留守初中生积极心理品质与学习倦怠的关系研究：以社会支持
为中介变量 [D]. 延吉：延边大学，2019.

[46] 曹琴 . 学校联结、亲子关系与高中生学业成就：心理资本的中介作用及个案干
预研究 [D]. 武汉：华中师范大学，2019.

[47] 李丹 . 人际认知辅导活动课对高中生人际适应的干预研究：积极心理取向 [D].
赣州：赣南师范大学，2019.

[48] 顾兴林 . 福建省体育专业大学生学习倦怠与积极心理资本现状及其相关性研究
[D]. 福州：福建师范大学，2019.

[49] 李璟 . 积极心理学视野下的中职校班级管理研究 [D]. 福州：福建师范大学，
2019.

[50] 马晓羽 . 走向多元化的积极心理学：问题与超越 [D]. 长春：吉林大学，2019.

[51] 海庆玲 . 精神扶贫视角下贫困初中生脱贫的积极心理品质现状及其干预研究
[D]. 昆明：云南师范大学，2019.